STANISLAS MEUNIER

LA TERRE
QUI TREMBLE

LIBRAIRIE CH. DELAGRAVE

La Terre qui tremble

COULOMMIERS
Imprimerie Paul BRODARD.

STANISLAS MEUNIER

Professeur au Muséum national d'Histoire naturelle.

La Terre qui tremble

72 FIGURES ET PHOTOGRAPHIES

PARIS

LIBRAIRIE CH. DELAGRAVE

15, RUE SOUFFLOT, 15

La Terre qui tremble

INTRODUCTION

Ayant fini de dîner, les Durozier se rendirent dans le cabinet de travail où ils passaient volontiers la soirée. Le père de famille, M. Alexis Durozier, était avocat. Son fils Albert, tout en préparant une licence ès lettres, écrivait un roman qui, pensait-il, aurait le plus grand succès. Mlle Léonie Durozier suivait les cours de la Sorbonne et, selon la mode du jour, assistait à de nombreuses conférences. La mère était une bonne ménagère femme d'esprit, mais point de l'espèce dite intellectuelle. Sans être un grand avocat, M. Durozier plaidait bien et souvent. Aimable, indulgent, il se fiait au bon naturel de ses enfants, les laissait travailler à leur guise et même à leur fantaisie, leur permettait de s'installer dans son sanctuaire d'études, de puiser dans son excellente bibliothèque. Les Durozier habitaient l'un des plus beaux quartiers de Paris, quai Malaquais, en face du Louvre.

On était en hiver, le 28 décembre 1908. Le vaste cabinet de travail était chaud, bien éclairé, confortable, avec la bonne odeur du thé que préparait Mme Durozier. L'avocat ouvrit le *Journal des Débats*, et selon son habitude alla d'abord aux Dernières Nouvelles.

— Bon ! dit-il, voilà que ça danse encore en Calabre.

Et il lut tout haut deux dépêches :

« *Monteleone (Calabre), le 28 décembre*. — Ce matin à 5 h. 20 un violent tremblement de terre a été ressenti ici et dans les communes voisines. Il a causé de graves dégâts.

« *Rome, le 28 décembre*. — M. Giliotti a envoyé deux fonctionnaires dans la province de Catanzaro pour constater les pertes à la suite du tremblement de terre; il a donné vingt mille francs pour les premiers secours. »

On ne fut pas ému, on ne fit pas même de réflexions. Si l'on prenait une part réelle à tous les malheurs qu'enregistrent les journaux, on serait bientôt mort à la peine. Quand un fait vous frappe vivement, jusqu'au cœur, c'est qu'il vous atteint par analogie : un naufrage vous intéressera passionnément, si vous avez manqué périr en mer; ou bien, c'est que vous vous sentez menacé, — comme lorsqu'il s'agit d'une épidémie proche; ou bien, enfin, car l'égoïsme n'est pas l'unique mobile de nos pensées et de nos actes, c'est que votre disposition d'esprit, votre vocation peut-être, ont assez de force pour matérialiser une nouvelle dans laquelle d'autres personnes ne voient que des mots pleins de sens, mais représentant des faits aussi froids, aussi connus que ceux de l'histoire ancienne.

Le bachelier-romancier Albert Durozier fut en quelque sorte renversé, — comme Saül sur son chemin de Damas, — par cette *manchette* du *Figaro* qui lui sauta aux yeux le matin du 29 décembre :

« Cent mille morts. Reggio et Messine détruites. »

L'année précédente, Albert avait visité l'Italie. C'était la récompense que son père lui avait donnée, pour un premier certificat brillamment conquis. Afin que rien ne gênât son juvénile enthousiasme, on l'avait laissé partir sans mentor, en compagnie d'un ami de son âge. Et tout de suite, avides d'espace, de lointain, de grand soleil plus encore que d'art, ils étaient allés jusqu'en Sicile. Ils avaient franchi le détroit de Messine. Ils s'étaient arrêtés dans la ville quarante-huit heures. Oh! le magnifique port, les quais actifs, la foule heureuse!... Oh! l'étagement des palais et des villas aux premières pentes de la montagne aride et lumineuse, le parfum des citrons et des tubéreuses, la vie ardente!... Tout cela s'évoqua, puis s'effondra sous ces mots : « Cent mille morts.... »

Cent mille morts!... La Nature aussi meurtrière qu'un conquérant, et plus expéditive..., car elle opérait sur un théâtre étroit, en quelques secondes.... Albert fut frappé d'une stupeur qui ne se dissipa point au contact des siens pendant la lecture des dépêches que fit tout haut M. Durozier, à la table du petit déjeuner, pendant les réflexions que son père, sa mère, sa sœur échangèrent sur l'épouvantable événement. Cent mille morts!... Le jeune homme voyait cet écrasement d'une population aussi nettement que s'il avait été au-dessus de Messine dans un tranquille aéroplane projetant pour lui une grande lumière, lorsque la terre en convulsions, la mer bondissante avaient anéanti toutes « ces fourmis, notre prochain », comme disait Voltaire, philosophe, versifiant et ricanant sur le désastre de Lisbonne.

M., Mme et Mlle Durozier avaient des exclamations d'étonnement et de douleur, des paroles de pitié. Ils étaient théoriquement et sincèrement affligés. M. Durozier dit que, sans doute, on ouvrirait une souscription internationale pour les victimes et qu'il y irait de son billet de cent francs. Albert se taisait. Sa mère vit qu'il était un peu pâle :

« Qu'as-tu donc, mon garçon?

— Mais rien.... C'est affreux!...

— Pire qu'à la Martinique.

— Oui. Le Mont Pelée a tué d'un coup. En ce moment, il y a des agonisants sous les décombres. »

Mme Durozier donna, en se levant, le signal de quitter la table. Albert se hâta de se retirer dans sa chambre, pour travailler, dit-il.

« Il a à peine mangé, remarqua Léonie. D'habitude, il n'est pas si sensible.

— La nouvelle est impressionnante.

— J'espère encore qu'elle est exagérée, dit Mme Durozier.

— J'y pense! reprit la jeune fille. Albert a visité Messine dans sa splendeur. »

Elle resta quelques secondes songeuse. Puis, comme elle était érudite et un peu pédante, elle ajouta :

« M. de Rancé se fit moine, pour avoir vu morte une belle femme qu'il aimait. Mon frère aurait-il la pensée de renoncer au monde, parce que la pauvre Messine n'est plus?... »

M. Durozier sourit de cette boutade et s'en alla au Palais. Et Mme Durozier sonna sa cuisinière, afin de faire avec elle le menu des repas de ce 29 décembre que tant de gens, — se représentant les horreurs éclairées par le soleil de Sicile, — trouvèrent agréable de passer dans l'ombre humide de l'hiver parisien.

Albert essaya inutilement d'étudier. Alors il sortit pour acheter des journaux de toutes les couleurs politiques, et avoir ainsi différentes versions de la catastrophe. Mais ils tiraient tous la même copie du télégraphe. La journée lui parut longue dans l'attente des dépêches du soir. Elles précisèrent les faits et ne diminuèrent pas les chiffres. Les cent mille morts — davantage probablement, en admettant même que beaucoup de blessés échappassent

— étaient pour Messine seule. Mais de l'autre côté du détroit, en Calabre, il y avait aussi des villes et des villages écroulés sur leurs habitants.

Obsédé, le jeune homme comprit, après avoir souhaité le bonsoir à ses parents, qu'il aurait de la peine à dormir. Au lieu de penser à vide, il se mit à choisir dans les journaux ce qui l'avait le plus frappé et ce qui lui paraissait le plus authentique.

Il avait l'habitude de résumer ainsi ses impressions la plume à la main.

Sa vive imagination l'emportait vers la composition littéraire. Ici, il s'attacha seulement à la précision. L'atroce événement aurait été diminué par des fioritures et des déclamations. Durant plusieurs jours, Albert continua de se documenter pour lui-même, et ce travail, qui le remit d'aplomb, lui permit de reprendre les matières de son examen. Mais il lui était venu une espèce de dégoût pour le roman qu'il écrivait clandestinement, c'est-à-dire à l'insu de sa famille, pas assez persuadée, selon lui, qu'il eût du génie. Il le jeta au fond d'un tiroir, comme un objet sans intérêt et sans utilité.

Ayant le goût d'écrire et prenant volontiers la forme du récit, Albert Durozier rédigea d'abord, en plusieurs cahiers, ce que lui apprirent les journaux et les personnes témoins de tremblements de terre. Il fit ensuite de judicieux extraits montrant ce que les hommes d'autrefois avaient éprouvé et su de ces phénomènes. Et sa propre instruction se trouvant faite par tant d'exemples, il fut en mesure de comprendre et de résumer les acquisitions de la science moderne. Ce sont les notes de ce jeune homme que nos lecteurs vont avoir sous les yeux.

PREMIÈRE PARTIE

LES CATASTROPHES CONTEMPORAINES

CHAPITRE PREMIER

MESSINE

Sommaire : L'écroulement. — L'incendie. — Le sauvetage. — Les pillards. — Les échappés. — Le témoignage du séismographe. — L'échelle séismologique. — Le raz de marée. — La renaissance de la cité. — Le désastre de 1783.

La majeure partie de la population dormait. Des phares, des feux de bateaux, les becs de gaz des quais et des rues éclairaient le port et la ville....

Cinq heures vingt et une minutes quinze secondes du matin.... Ce fut d'abord un tremblement léger qui alla crescendo pendant dix secondes, puis diminua durant dix autres secondes. Il y eut alors deux minutes de calme. Peut-être beaucoup de ceux qui s'étaient réveillés crurent-ils avoir rêvé. Ce n'était qu'un prélude.

Des secousses violentes, un bruit formidable d'écroulement et des hurlements.... Les ténèbres s'étendirent sur le désastre que, l'instant d'après, des incendies éclairèrent : le gaz échappé des tuyaux rompus s'enflammait de divers côtés.

Un moment de stupeur dans la nature même : la terre avait repris son immobilité. Mais à cinq heures quarante-cinq minutes, puis à cinq heures cinquante-trois minutes, elle fut reprise de frémissements, et des murs qui ne tenaient plus, s'abîmèrent.

C'est, paraît-il, un petit appareil appelé *séismographe*, placé dans un laboratoire souterrain, qui a inscrit à sa manière l'heure exacte, la durée et l'intensité des secousses. Il accomplissait sa besogne savante, pendant que les hommes, peut-être même ceux qui l'avaient construit, mouraient d'écra-

sement ou de peur. Les horloges arrêtées des rares édifices demeurés debout
donnèrent aussi l'indication du moment fatal.

Le jour parut, montrant des fugitifs pleurants, silencieux, peu nombreux :
des groupes d'ombres sur les quais, moins encombrés de ruines que les rues.
Ces fantômes se regardaient les uns les autres avec hébétude, se demandant
s'ils étaient tout ce qui restait de la population. D'autres se couchaient sur
les décombres qui avaient été leur maison et d'où ils s'étaient échappés par
miracle. Mais des êtres chers y étaient restés, leurs biens y étaient
enfouis.... Aussi bientôt, des cris, çà et là, déchirèrent-ils le grand silence
de la ville morte.

D'ailleurs la terre s'agite encore : il y a une secousse à neuf heures cinq
du matin. La mer, à son tour, se déchaîne. Les journaux avaient dit d'abord
qu'un raz de marée avait consommé la ruine de Messine. Cependant
le *maréographe*, autre instrument enregistreur, a seulement indiqué à
deux heures trente et à huit heures de l'après-midi des oscillations de 22 centimètres. Mais il est probable qu'au moment de la grande secousse la mer
a eu un contre-coup qu'elle a transmis. Des bateaux ont nettement senti un
choc, sans éprouver d'ailleurs aucun dommage.

Aussi sont-ce les marins qui, les premiers, sont venus au secours de la
ville infortunée, privée de toute communication terrestre. Dans la Sicile, tout
entière fortement secouée, chaque ville n'avait pensé qu'à son propre péril.
A Syracuse, comme on ne constatait autour de soi que des dégâts insignifiants, « les églises se remplirent d'une foule pieuse, venant remercier Dieu
d'avoir mitigé sa colère ».

Cependant, aucune nouvelle ne venant de Messine, qui n'avait plus ni
télégraphes ni sémaphores, on s'inquiéta d'elle. Le préfet de Syracuse fit
demander à l'escadre russe qui était dans son port et à l'escadre anglaise qui
était à Augusta, de se rendre à Messine, pour lui porter des secours, s'il en
était besoin.... Mais les bateaux n'arrivèrent qu'à minuit.

Quel spectacle !... Le quai démoli, ses cent palais renversés et, derrière
leurs ruines, quatre kilomètres de décombres.... Et des malfaiteurs échappés
des prisons écroulées, — d'autres bandits encore, car il y a des brutes qui
attendent l'occasion de se manifester, — ajoutaient la méchanceté de l'homme
à la cruauté des éléments, achevaient les blessés, rançonnaient, pillaient....

On avait commencé à organiser un train, qui partit en effet pour Catane.
Mais les vaisseaux de guerre et les grands bâtiments de commerce furent de
bien plus sûrs et de bien plus vastes refuges, et portèrent aux grandes villes
siciliennes, Catane et Palerme, des milliers de malheureux.... Les travaux de
déblaiement, de sauvetage commencèrent.

Je copie dans *les Débats* et *le Figaro* du 2 janvier 1909 certaines dépêches qui serviront de documents pour l'histoire de ce cataclysme, un des plus grands dont l'humanité ait souffert :

Messine brûle toujours. Les navires qui approchent de la malheureuse ville aperçoivent une colonne de fumée au-dessus de l'amas des ruines. Des

MESSINE. — MARINS RUSSES SECOURANT LES SINISTRÉS.

barques chargées d'individus demi-nus entourent les vapeurs ; ces malheureux réclament impérieusement du pain et des vêtements. « Nous avons faim et froid ! » crient-ils.

La difficulté de pénétrer dans le dédale des rues encombrées de débris retarde les opérations de sauvetage. Les victimes ensevelies vivantes doivent être encore nombreuses ; les efforts des sauveteurs se concentrent du côté où surgissent les appels. Les parents aident à soulever les décombres. Les personnes pouvant contribuer au sauvetage sont seules admises à pénétrer dans la ville.

On a débarqué des civières, des couvertures, des vivres et des médicaments; mais les distributions sont lentes et insuffisantes, vu le nombre de gens qui en ont besoin.

Il ne faut pas songer encore à atteindre les quartiers élevés. On n'y arrivera qu'en se frayant un passage sur une montagne de ruines. C'est là-haut que sont les casernes, écroulées sur une centaine de mètres, ensevelissant deux mille soldats. L'hôpital militaire a écrasé, dans sa chute, malades, infirmiers, médecins. Huit cents soldats sont sous les ruines de la caserne d'infanterie de la rue Garibaldi.

Presque tous les enfants de Messine sont morts.

L'état de siège a été proclamé. Le général Massa a reçu le commandement en chef. Le roi a fait destituer le syndic, ainsi que l'ingénieur en chef de Messine, pour manque à leurs devoirs.

Le roi et la reine d'Italie, aussitôt reçue la nouvelle du désastre, se sont rendus sur les lieux sinistrés. Le roi parcourt, inspecte le pays, Calabre et Sicile. La reine, à Messine, soigne et console.

Le cuirassé *Napoli* et le paquebot *Umberto* sont arrivés avec des secours et des troupes. Une brigade entière d'infanterie a quitté Gênes à destination de Messine.

Un matelot de la *Slava* a été écrasé par un mur, alors qu'il portait sur son dos une femme retirée d'une cave.

On peut dire que tout ce qui reste debout chancelle. D'ailleurs, la terre continue de frémir, comme mal remise de ses convulsions, et d'insignifiants mouvements jettent à bas ce qui ne tient plus. Le 1er janvier, il y eut un écroulement qui tua une vingtaine de personnes.

M. Orlando, ministre de la justice, a envoyé de Messine une dépêche qui résume bien la situation :

« Le travail d'organisation des services a progressé malgré le vent déchaîné et une pluie battante. La troupe qui est arrivée occupe différents points de la ville où elle campe.

« L'extension épouvantable du désastre rend impossibles les recherches systématiques parmi les décombres. Cependant on dégage continuellement des blessés qu'on envoie d'abord aux ambulances pour être ensuite embarqués pour différentes destinations.

« Des deux côtés du détroit, on confirme que plus de la moitié de la population est ensevelie sous les décombres.

« Une centaine de malfaiteurs ont été arrêtés; la troupe a des ordres très sévères. »

On réclame avec insistance l'établissement de la liste des victimes, afin de satisfaire aux anxieuses demandes de tous ceux qui avaient des parents sur

MESSINE. — SINISTRÉS ATTENDANT LE TRAIN POUR CATANE.

les lieux du sinistre; mais comment déterminer le nombre et l'identité des

MESSINE EN FLAMMES, LE 28 DÉCEMBRE 1908.

malheureux ensevelis sous les ruines, disséminés partout, blessés ou fugitifs?... Ce sera l'affaire de plusieurs mois.

Un cordon militaire est établi autour de Messine, comme autour d'une ville pestiférée.... Pourquoi? C'est que, paraît-il, les paysans y venaient par centaines, pour « escroquer » des vivres et des vêtements, comme habitants de la ville.... Ces pauvres diables ont dû souffrir comme les citadins. S'il y a eu moins de morts dans les villages, c'est que les maisons étaient moins lourdes. D'ailleurs, presque tout est détruit, par exemple, dans le riant pays de Castroreale.

On parle de deux mille morts dans la petite ville de Santa-Eufemia. Les survivants se laissaient périr sans réagir d'aucune manière. Ils manquèrent complètement de vivres durant quarante-huit heures.

Les ruines de Reggio en Calabre, disent encore mes journaux, sont plus impressionnantes que celles de Messine, parce que la ville est plus escarpée. Tous les survivants sont groupés sur la plage, implorant des vêtements et du pain. Le froid sévit en ces pays, où l'hiver est ordinairement plus doux que notre printemps.

Les forts et les stations de pêcheries sont détruits. Il ne subsiste qu'une cinquantaine de constructions. Le « ferry-boat » faisant le service entre Reggio et Messine n'existe plus.

Les familles les plus connues de Reggio ont péri.

Dans un couvent de jeunes filles, des poutres sont tombées dans les dortoirs tuant un certain nombres d'élèves. Celles qui furent épargnées voulurent gagner l'escalier. Il était détruit. Se poussant les unes les autres, elles firent une chute de plusieurs mètres.

« M. Demetrius Tripepi, député, a souffert le martyre sous les décombres. Ses enfants l'encourageaient. Des soldats le délivrèrent; mais il avait les jambes brisées et l'abdomen ouvert. Il demandait qu'on le tuât. Il rendit bientôt le dernier soupir dans les bras de ses enfants qui, ensuite, assistèrent à l'extraction de leur mère. »

Il y aurait à citer des centaines de scènes d'horreur. Et comme si elles ne suffisaient pas, il s'y mêle des légendes.... Mais a-t-on bien le droit de dire que ce sont des légendes alors que, de tous côtés, le vrai se surpasse lui-même en abomination?

A Messine, une mère de famille, emportée par l'écroulement, roule jusque dans la cave de sa maison. Des gravats l'ensevelissent à moitié, l'immobilisent. Elle ne perd pas le sentiment. Elle sent des gouttes chaudes lui tomber sur le visage, sur les mains, les gouttes se refroidissent, deviennent visqueuses, rares, glacées. C'est le sang, qui tombe sur elle, de son mari et de ses enfants écrasés dans la chambre d'où elle a été précipitée. Elle resta trois jours dans cette tombe. Quand elle en sortit, elle était folle.

MESSINE. — SINISTRÉS ATTENDANT LEUR TOUR D'EMBARQUEMENT.

Les cas de folie sont nombreux. L'étonnant, c'est que la plupart des cerveaux résistent à de telles situations, à de tels spectacles.

Le navire *Volta* a reçu, pour le transporter à Naples, un bébé d'un mois retiré des bras de sa mère morte.

Un père cherchait son fils sous les ruines de sa maison. Quelques pans de mur étaient restés debout. L'homme, levant les yeux par hasard, pousse un cri terrible et tombe à la renverse.... Il venait d'apercevoir son enfant pendu à une poutre par un crochet qui lui traversait le cou de part en part.

Une histoire touchante qui est peut-être vraie. Un soldat né à Messine et qui faisait son service à Rome, avait sa fiancée en Sicile. Effroi, désolation du pauvre garçon à la nouvelle du sinistre. La nuit, malgré son chagrin, il s'endort, et il a un songe, comme un héros de tragédie grecque. Il voit sa fiancée, elle l'implore. Elle gît sous un amas de débris, d'où lui seul peut la tirer. Il l'entend nettement crier au secours. Il se réveille et l'impresion du songe ne s'affaiblit point. Il le raconte, il demande, il exige un congé, qu'il obtient. Il va tout droit à la maison de sa fiancée. C'est bien le tas de ruines qu'il a vu dans son rêve. Il prend une pioche, il se fait aider, et la jeune fille apparaît, le front blessé, pâle comme une morte, mais souriant au fiancé qui l'a entendue et délivrée....

Assez d'anecdotes.... Elles ne peuvent satisfaire qu'une curiosité sentimentale. Je n'ai pas besoin de m'ébranler davantage les nerfs. Mais je voudrais donner à mon esprit quelque explication de ce qui vient de *nous* arriver. Je dis nous, parce que « rien de ce qui est humain ne m'est étranger »... et aussi parce que j'ai perdu toute confiance dans la stabilité du sol. Peut-être verrai-je demain le Louvre vaciller et peut-être cette maison-ci glissera-t-elle dans la Seine. Mon ami Édouard a prétendu me rassurer là-dessus. Parce qu'il étudie la Géologie, il croit être dans le secret des dieux. J'écouterais bien ses raisons, mais je manque des éléments pour le comprendre. Il me faudrait me mettre à l'*a*, *b*, *c* de la Science.... En aurai-je le courage?... Est-ce nécessaire?... L'obsession du désastre me quittera, j'y compte bien.

Si je ne suis pas les raisonnements des savants, je veux toujours enregistrer et tenir pour bonnes leurs observations. J'ai déjà apprécié le séismographe, quoique je ne sache pas encore en quoi il consiste. Il faudra que je m'en fasse montrer un.

On avait eu peur que la puanteur exhalée par les terres sinistrées n'engendrât la pestilence. Le roi aurait volontiers fait noyer la ville sous une mer de chaux. On a renoncé à ce moyen simpliste, et peut-être impraticable.

On reconstruira Messine et Reggio et leurs alentours, mais selon les données de l'hygiène séismique.

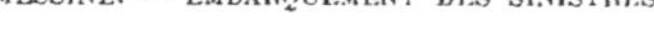

MESSINE. — EMBARQUEMENT DES SINISTRÉS.

Des malheureux ont été retirés vivants de leur ensevelissement, au bout de huit jours et davantage.

Le temps leur avait paru court!...

Mon ami Édouard dit que le détroit de Messine est un lieu d'élection pour les tremblements de terre, qu'il appelle plus noblement et plus brièvement des séismes. Et, en effet, il y a peu d'années, la Calabre a tremblé.... Et je crois bien qu'il y a un peu plus d'un siècle, une grande catastrophe sicilienne fut relatée par divers historiens.... Oh! je vais interroger mes livres.

Plus d'un mois s'est écoulé. La statistique est à peu près faite. Elle a compté environ deux cent mille morts.

Édouard me met sous les yeux la note d'un savant italien, M. Ricco, directeur de l'Observatoire astronomique et géodynamique de Catane, note présentée à l'Académie des Sciences par M. Lacroix, avec une carte que je copie.

Plusieurs zones se remarquent sur cette carte [1] :

X. *Zone de destruction complète ou zone épicentrale* (terme que je me ferai définir, mais qui ici s'entend suffisamment). — Messine, Reggio, Villa San Giovanni, Cannitello, Scilla, Bagnarra. Cette zone a 40 kilomètres de plus grand axe.

IX. *Secousses désastreuses, quelques victimes.* — 70 kilomètres de plus grand axe. En Sicile : Santa-Teresa di Riva et Milazzo. En Calabre : Rosano, Melito di Porto-Salvo.

VIII. *Secousses ruineuses, peu de victimes.* — 180 kilomètres de plus grand axe. En Sicile : Patti et Zafferana. En Calabre : Palizzi et Nocera.

VII. *Secousses extrêmement fortes, légers dommages.* — 300 kilomètres de plus grand axe. En Sicile : Caltanissetta et Augusta. En Calabre : Cosenza et Montalto.

Les zones où le phénomène a été peu intense ne concernent que la Sicile sur cette petite carte :

VI. *Secousses très fortes.* — Pollina, Serradifalco, Syracuse.

V. *Secousses fortes* (oscillation des objets). — Termini-Imerese, Pachino.

IV. *Secousses médiocres.* — Palerme, Corleone, Cattolica-Eraclea.

III. *Secousses légères.* — Marsala.

Les opinions ont beaucoup varié sur le raz de marée. Les premières nouvelles en avaient pour ainsi dire fait la cause principale du désastre. Ensuite on le réduisit à de faibles proportions. On devine qu'il soit très difficile

---

1. Les numéros en chiffres romains, dont je ne comprenais pas alors la signification, sont ceux d'une échelle adoptée par les séismologues et qui sont la cote d'un séisme en un lieu déterminé. X représente le maximum. (*Note d'Albert.*)

d'observer dans un si terrible bouleversement. Il me semble que je dois m'en tenir à ce que dit, informations et mesures prises, le savant de Catane :

« Le raz de marée, dont l'action a encore augmenté les désastres dus au tremblement de terre, a été ressenti sur la côte occidentale de la pointe de la Calabre et sur sa côte méridionale, jusqu'à Gerace; sur la côte nord de la Sicile, jusqu'à Termini-Imerese et jusqu'à Syracuse, sur sa côte orientale. La hauteur de la vague a été, sur la côte de Calabre, de 3 m. 80 à Villa San Giovani, de 3 m. 25 à Reggio et davantage à Melito, Pellaro et Lazzaro; sur la côte de Sicile, de 2 m. 30 à Messine, de 6 mètres à Giardini au pied du rocher de Taormina et à Riposto, enfin de 2 m. 70 à Catane.

« Le phénomène a commencé par un retrait de la mer, qui s'est précipitée ensuite avec une grande violence sur le rivage. Le ferry-boat qui fait le service entre Messine et Reggio, toucha le fond, puis fut lancé avec violence sur le ponton d'embarquement qui fut pulvérisé avec lui. A la station du chemin de fer de Reggio, située près du bord de la mer, l'eau est sortie du sol en jets doués d'une grande force; ce fait s'explique aisément par le choc de la vague sur le sol imbibé d'eau.

« A Messine le marché au poisson, qui était à 2 mètres au-dessus de la mer, est aujourd'hui immergé.

« La nouvelle jetée de Reggio s'est abaissée de telle sorte que son extrémité est actuellement sous l'eau.

« Enfin des sondages préliminaires semblent indiquer des variations de fond dans le détroit de Messine.

« Des sondages et des nivellements de précision vont être entrepris par les services italiens compétents, afin de déterminer s'il y a eu un véritable abaissement orogénique du sol ou s'il ne s'agit pas plutôt, en ce qui concerne la côte, de simples glissements des terrains alluvionnaires sur lesquels sont bâtis les quais des deux villes détruites. »

Le télégraphe est une cause puissante d'internationalisme, — j'entends dans le bon sens. Il était difficile autrefois de se passionner pour des malheurs datant de plusieurs semaines. A présent nous sommes instruits sur l'heure de ce qui se passe dans les pays les plus éloignés, — quand leurs fils télégraphiques ne sont pas coupés, et encore la réparation ne prend-elle pas longtemps. Quand je commençai à écrire ces notes, je souffrais d'une véritable angoisse, à la pensée que des gens mouraient lentement, écrasés, asphyxiés, affamés sous leur tombe de décombres, alors que j'étais moi, pourvu de tout le confort de la vie et de la plus grande sécurité qu'elle comporte. Ce sentiment, toute l'Europe et même l'Amérique le partageaient, et la même pensée venait à tous : soulager l'horrible infortune de l'Italie. L'élan fut si fort qu'un grand nombre de médecins, d'infirmiers et d'infirmières bénévoles, s'en allèrent immédiatement sur le lieu du drame, avec des convois de vivres, de vêtements, de médicaments, offrandes des Associations de la Croix-Rouge. Les chefs d'État et le public donnèrent beaucoup d'argent. Les marins russes, anglais, français firent autant, pour le sauvetage, que les troupes italiennes.

. . . .

On a bien fait de ne pas semer le sel — en langage moderne répandre de la chaux — sur les ruines de Messine. La vie y reprend avec vigueur. Voici les nouvelles que m'en donne le journal, un mois après la catastrophe :

« Grâce à l'heureuse initiative de M. Micheli, député de Parme, une ville rudimentaire s'élève. Bien plus, un journal a été créé, avec des caractères d'imprimerie trouvés dans les décombres et une machine à bras.

« Nous avons reçu un exemplaire de ce journal tiré sur deux pages : format in-folio. Titre : *Ordini e Notizie*.

« La première page est remplie par les ordres et les instructions du général Mazza, commandant militaire.

« La deuxième page comprend les annonces, c'est la plus curieuse. La publicité sous les décombres !

« Un grand carré à gauche, en haut. On y lit : « Domenico Foti, cordonnier.. » Il annonce qu'il reprend son commerce de chaussures dans une baraque établie au quartier Saint-Martin. Il vante ses spécialités et ajoute que ses prix défient toute concurrence. C'est d'une ironie macabre. Ses concurrents sont morts pour la plupart.

« Autre carré à côté : On apprend l'ouverture d'un « salon » de coiffure, le barbier espère que « ses anciens clients » lui reviendront ! Au-dessous, les frères Colalvi de Sante, marchands des quatre saisons, comme nous disons à Paris, font savoir que chaque jour ils parcourent la ville (!) offrant dans leur voiture, à des prix modérés, choux-fleurs, radis, lentilles, fenouil, etc. Tous les matins, ils stationneront à huit heures sur la place Saint-Martin. C'est le premier quartier où l'on a élevé des baraquements.

« Les frères Galleto Fortunato annoncent que, pour procurer du lait frais à leurs concitoyens, ils iront par la ville tous les matins avec leur troupeau de chèvres. Plus loin, on lit : Giacomo di Pasquale a ouvert sur la place du Collège un débit de vins en gros et en détail et « une cuisine de famille », où on trouvera saucisses cuites, merlans frits, haricots blancs, pommes de terre, etc.

« Giuseppe Andronic a ouvert une boulangerie; Luccano Lamarmora, une pharmacie, et on annonce l'ouverture prochaine d'un lavoir public et... d'un kiosque de journaux !... »

Que c'est beau l'espoir et le courage de l'homme dans les pires misères.

. . . .

Spallanzani, voyageant en Sicile six ans après le désastre de 1783, relate ses observations, intéressantes à divers points de vue. Les touristes qui, aux vacances prochaines, feront la même tournée, auront les mêmes impressions : « En entrant dans le détroit de Messine, quelques Siciliens m'avertirent que je passais devant une plage où un peuple entier avait trouvé sa ruine : c'était le rivage de Scylla. Une forte secousse s'étant fait sentir le 5 février à midi, tout les habitants de l'endroit s'y réfugièrent; ils croyaient y être en sûreté, lorsqu'à la huitième heure de la nuit, une secousse plus terrible que la précédente souleva les eaux à une hauteur formidable et les précipia sur le rivage. Ainsi furent engloutis plus de mille personnes, hommes, femmes et enfants, avec le prince de l'endroit, sans qu'il en échappât un seul, qui pût retourner à sa maison déserte et y pleurer le malheur de ses compatriotes....

« A mesure que j'approchais de cette ville, j'en découvrais les désastres. L'enceinte de son port, qui offrait auparavant une suite continue de superbes palais à trois étages, dont l'aspect était magnifique, cette enceinte ne présentait plus que des ruines. L'étage supérieur et une partie de celui du milieu étaient renversés; l'inférieur subsistait encore, malgré ses murs entr'ouverts par de larges crevasses.

« Mais combien ma tristesse redoubla, quand je fus entré dans cette cité naguère si florissante! A la réserve des rues les plus larges et les plus fréquentées, toutes les autres étaient encombrées des débris des maisons qui en bouchaient le passage. La plupart de ces maisons étaient encore dans le même état où les tremblements de terre les avaient laissées : celles-ci détruites jusque dans leurs fondements, celles-là à moitié renversées, et se soutenant pour ainsi dire en l'air sur leurs propres ruines. Quelques-unes avaient échappé à la destruction générale; mais les murs en étaient si endommagés qu'elles ne semblaient se tenir debout que par un miracle. Des édifices publics, celui que l'on nomme le Dôme souffrit le moins; il est spacieux, d'une architecture gothique; on y voit plusieurs colonnes de granit tirées d'un temple grec antique, qui existait autrefois sur le Phare, et d'élégantes mosaïques faites avec les plus beaux marbres de la Sicile [1]. » Hélas, la vieille cathédrale normande n'a pas résisté au séisme de 1908!

---

1. *Voyages dans les Deux-Siciles.*

CHAPITRE II

NICE

A l'époque où il résumait ce qui concernait Messine et la Calabre, Albert Durozier étendait la curiosité ardente qui lui était venue pour les tremblements de terre aux régions du monde qui en avaient souffert. Son ami, Édouard Chambray, étudiant les sciences, lui ayant dit que le phénomène est normal dans la vie de la Terre, il commença par s'insurger contre ce qu'il appelait un paradoxe d'apprenti naturaliste, désireux d'étonner un simple littérateur. Mais il lui fallut bien reconnaître que, tout au moins, le fait est singulièrement fréquent. La catastrophe de Messine, ayant rafraîchi les souvenirs de chacun, on ne rencontrait plus que gens ayant été plus ou moins secoués sur le « plancher des vaches », cet emblème de la stabilité, si souvent opposé à « l'onde perfide ».

Léonie elle-même me rappela que se trouvant, il y a quelques années en Suisse, à Saint-Légier-sur-Vevey, elle avait été assez effrayée d'une secousse :

« J'étais à la maison, faisant du piano. Il me sembla que l'instrument et moi, nous descendions à la cave. Ce fut si brusque et si court que j'aurais cru à une illusion, sans la vague terreur qui me resta et qui fut accrue par la cuisinière : elle vint me dire qu'elle avait senti un frémissement du carreau de la cuisine et entendu comme une fusillade dans la montagne. Quand papa, maman et toi, vous rentrâtes, vous ne nous crûtes qu'à moitié. Cependant les journaux locaux parlèrent le lendemain de l'événement.... Tu l'as oublié.

— Je me le rappelle maintenant, » répondis-je.

Il rendit compte dans un petit cahier, pareil à celui qu'il avait ouvert pour

Messine, du récit que lui fit une tante du tremblement de terre survenu à Nice le 23 février 1887.

— Nous avions été si fatigués, — dit Mme Constantin, ma tante, — de la bataille de confettis, à laquelle nous avions pris une part brillante, que nous nous étions dispensés de la grande « redoute » à laquelle nous étions invités. Nous nous étions couchés de bonne heure, ce qui ne nous empêchait pas de dormir d'un sommeil profond à six heures vingt-cinq minutes du matin. Un bruit étrange et immense me réveilla et me donna une petite sueur. En ce temps-là, on ne connaissait pas l'automobile et je ne trouvai pas à quoi comparer ce bruit.... Aujourd'hui, je dirais que cent de nos plus grandes voitures à pétrole, arrivant à toute vitesse, donneraient peut-être une petite idée de cette rumeur grossissant avec la rapidité de la foudre et ses grondements. Elle disparut sous le bruit proche de la maison, des meubles ébranlés. On aurait dit que mon lit était secoué avec rage par un géant qui le tenait à la tête et qui le déplaçait latéralement. Il ne fallait pas être grand clerc pour comprendre tout de suite de quoi il s'agissait, d'autant que cela continuait, semblait ne devoir pas finir et que la maison allait nécessairement s'écrouler ; j'entendais des plâtras se détacher du plafond, je remarquais le frottement des plantes grimpantes sur le mur extérieur.... On n'a pas idée, quand on ne l'a pas expérimenté soi-même, de tout ce que l'on peut observer et redouter en vingt-trois secondes, durée de mon séisme. J'eus grandement le temps de m'épouvanter pour ma mère et pour ma fille qui étaient dans la pièce voisine ; j'entendis ma petite crier.... Tout à coup, mon lit reprit son immobilité et les choses rentrèrent dans le silence. Alors, j'ouïs au dehors d'innombrables hurlements de chiens : tous ceux de la ville se plaignaient ainsi de leur réveil insolite.

Je quittai mon lit, fort tremblante, je l'avoue, et je m'en allai dans la pièce voisine m'assurer qu'on n'y avait pas eu d'autre mal que la peur. Tous les autres habitants de la maison étaient également sur pied.

Le petit jour commençait à poindre, car on était au 23 février.

Personne ne pensait à se recoucher. Je coulais mes bas, lorsque de nouveau la maison entra en danse, avec chute de plâtras.... Oh! alors il me sembla que c'en était fait de nous.... Il n'y avait eu cette seconde fois que de faibles secousses, mais la confiance était bien partie. Il fallait quitter au plus tôt cette maison qu'un tremblement pouvait jeter par terre.... Les cris des chiens avaient cessé ; on entendait dans la rue des pas de course et des voix éplorées. Nous nous habillâmes décemment, mais sans cérémonie. J'étais en robe de chambre et je voulais un manteau et une mantille, lorsque le phénomène recommença. Tout en ayant aussi peur que n'importe qui, je fis toutes sortes de remarques dans ces conjonctures fâcheuses. J'entendis donc le frottement des plantes contre la muraille de la maison et je vis un rayon du soleil levant se déplacer de plusieurs centimètres sur le bord de la fenêtre. Ce fut, je crois, ce qui, dans mon aventure, me frappa le plus. Mon mari se moqua de moi, parce que je lui dis que les astres ne gardaient pas leurs places respectives. C'était, en effet, une sotte réflexion que je faisais là; parce que la croûte terrestre bougeait un peu, je me figurais que tout l'univers était bouleversé.

Ton oncle, mon cher Albert, prit sa fille dans ses bras, et nous nous sauvâmes comme des lapins.

Tout Nice était dans la rue. Et il y avait des gens qui n'avaient pas du tout maîtrisé leur peur et qui étaient sur le trottoir en chemise. Heureusement, il faisait un temps superbe, un ciel d'azur, un soleil déjà éblouissant et pas de vent. Je me souviens de la bonne odeur d'eucalyptus qui imprégnait l'air. Nous habitions boulevard Dubouchage, dans le quartier neuf.

— Construit non sur la roche primitive, interrompit Édouard, mais sur des alluvions marécageuses qui ne demandaient qu'à remuer. La vieille ville ne souffrit pas sur son bon rocher, et il en fut de même à Menton dont les beaux hôtels, construits sur du terrain meuble, souffrirent beaucoup, de même que les maisons du Nice récent. On avait autrefois en ce pays une certaine expérience du tremblement de terre. Les maisons s'arcboutaient les unes contre les autres, avec des contreforts qui allaient d'un côté de la rue à l'autre.... Mais, madame, j'ai coupé votre intéressant récit.

— Pour dire des choses fort justes.

Allant, — nous ne savions pas bien où —, nous avions à peine fait quelques pas que nous fûmes arrêtés par un petit exemple de couardise extrêmement drôle. Un bon bourgeois dans toute la force de l'âge s'était enfui sans ses chausses et s'était assis sur un banc, en face de sa maison, d'où sortit une bonne qui lui apportait son pantalon. Il l'enfila en réclamant son paletot et son gilet. La bonne, un peu pâlotte de sa légitime émotion, se hâta d'obéir, en rentrant sous ce toit que le lâche s'attendait à voir crouler. Les rapides réflexions que nous fîmes là-dessus nous arrachèrent un rire amer, qui nous valut une leçon d'un bonhomme grave, lequel, il est vrai, n'avait pas vu de quoi il s'agissait : « Il ne faut pas rire, nous dit-il sévèrement : la Mort passe. »

L'aspect des rues.... Quand je me le remémore, je ne regrette pas de m'être trouvée là, au prix de mes frayeurs.

On était au lendemain du mardi gras. et les bals masqués étaient encore dans toute leur animation, lorsque la terre trembla sur ses fondements, — comme

MENTON. — MAISON DÉTRUITE PAR LE TREMBLEMENT DE TERRE DU 23 FÉVRIER 1887.
(Communiqué par la Société de Géographie de Paris.)

MENTON. — ASSEMBLÉE DE RÉFUGIÉS LE MATIN DU TREMBLEMENT DE TERRE.

dit l'Écriture. Des dominos de toutes couleurs, des Polichinelles, des Arlequins, des Colombines, des guerriers grecs, des dames en hennin se précipitèrent, se répandirent dans les espaces découverts, ou se portèrent vers la gare, pour fuir par les moyens les plus rapides la cité maudite. Les journaux de Paris se moquèrent beaucoup de l'arrivée à la gare de Lyon de tous ces masques défraîchis, auxquels se mêlaient des messieurs et des dames dont l'imperméable ne recouvrait qu'une chemise de nuit. A Nice, parmi la foule costumée et travestie, passaient de longues processions de petites filles des Sœurs, récitant le chapelet ou chantant des cantiques. Elles avaient pris le temps de se bien vêtir, les pauvres enfants, et les cornettes blanches des religieuses étaient aussi correctes qu'un beau dimanche. Il y avait aussi des théories de pensionnats des frères. La prière disciplinait la peur de tout ce monde-là. Mais que de groupes navrants formés par des malades transportés sur les trottoirs, au milieu des places, pâles et sans force dans un fauteuil, sur un matelas, difficilement réconfortés par des parents ou des serviteurs bouleversés. Il faisait beau, on n'avait rien à craindre du froid, mais combien qui espéraient la guérison du climat de Nice furent tués des suites de leur frayeur !...

Bientôt nous vîmes passer des brancards contenant des blessés, des mourants peut-être. De tous côtés, nous constations des lézardes aux maisons. Un hôtel monumental avait perdu sa corniche dont les débris jonchaient la rue.

Après deux heures de promenade pendant lesquelles le sol nous avait paru parfaitement sage, nous rentrâmes chez nous, avec le désir de nous restaurer.... Et nous fûmes de nouveau en proie à de petits mouvements insidieux et très angoissants. Quelquefois, on ne s'en serait pas aperçu, si un lustre à pende-loques de cristal ne nous avait prévenus en se mettant à tinter.... Alors, nous comprîmes que nous n'aurions plus aucun plaisir de notre hivernage sous cc beau ciel de la Riviera, et nous fîmes nos malles. Nous attendîmes très long-temps à la gare, nous y couchâmes. Du reste, personne à Nice, cette nuit-là ni les nuits suivantes, ne demeura dans sa maison. On allait chez les amis, qui venaient chez vous : on suspectait moins le toit du voisin que le sien propre. On établit des baraquements, des tentes, on utilisa des cabines de bain que les gens riches, qui ne voulaient ou ne pouvaient partir, louèrent très cher. Le train qui nous prit à l'aube mit vingt-quatre heures pour nous conduire à Avignon. Les journaux nous apprirent ensuite que durant plusieurs semaines, le sol ligurien continua d'être légèrement agité. Pour moi, toute une année, l'impression du danger me resta. Le globe terrestre ne me disait rien de bon.

MENTON. — MAISON DÉTRUITE PAR LE TREMBLEMENT DE TERRE DU 23 FÉVRIER 1887, AU BORD DU TORRENT DE CAREÏ.

(Communiqué par la Société de Géographie de Paris.)

Je m'en défiais comme d'une bête sournoise. Une lourde voiture de pierre approchait-elle, je percevais toutes les vibrations qu'elle déterminait, et je frémissais. Aujourd'hui, avec les autobus, les tramways foudroyeurs, les chemins de fer souterrains, qui nous mettent en trépidation perpétuelle, je serais moins délicate, je pense.

Ainsi parla Mme Constantin, ma tante, ce qui me donna le désir d'avoir quelques renseignements complétaires sur le séisme du 23 février 1887.

DIANO-MARINA. — MAISON DASSO E DURANTE, OÙ SE TROUVAIENT VINGT CADAVRES. L'UN D'EUX EST CELUI D'UNE FEMME AGÉE DE CINQUANTE ANS QUI ÉTANT RENTRÉE APRÈS LA PREMIÈRE SECOUSSE FUT ÉCRASÉE SOUS LES RUINES. ELLE AVAIT EN MAIN NEUF MILLE FRANCS.

Menton fut plus éprouvé encore que Nice. Les secousses ravagèrent surtout une zone d'environ cinq cents mètres de large, traversant obliquement la ville du nord-ouest au sud-est. Les étages des maisons s'y effondrèrent les uns sur les autres, certains furent précipités dans la rue. Comme le disait Édouard, les beaux hôtels souffrirent beaucoup. Les rues ont été sillonnées de crevasses, les bordures des trottoirs détachées. Un affreux bouleversement des objets d'ameublement, avec des bizarreries : par exemple, à un rez-de-chaussée, la salle à manger saccagée et, à côté, le salon intact, avec les menus objets des étagères restés parfaitement en place, tout cela dans une maison fendue du haut en bas et qui dut être abattue. On compta environ deux mille victimes sur toute la région ébranlée. Le malheur le plus grand fut en Italie, à Diano-Marina, qui fut à moitié détruite. L'église s'écroula sur les fidèles venus pour recevoir les Cendres en ce jour de deuil où la pénitence était si nécessaire. La grande secousse avait eu lieu, mais l'édifice était ébranlé, et il suffit d'un mouvement peu fort pour le jeter à terre. Trois cents personnes y furent tuées.

Diano-Marina a été le centre du phénomène. Édouard m'a communiqué une carte de la côte de Cannes à Nice, indiquant l'intensité du phénomène aux différents points. Cannes et Gênes sont sensiblement indemnes. Il y a comme des alternances de maxima et de minima.

Mon ami a répété devant moi une petite expérience. Avec un archet, il a fait vibrer une corde tendue, sur laquelle étaient placés de petits « cavaliers » en papier. Certains cavaliers sautèrent en l'air, d'autres restèrent à leur place. Ceux-ci étaient aux *nœuds* de la corde en vibration; ceux-là, aux *ventres*. Les maxima des ruines se présentent comme des ventres d'ondulation, les minima comme des nœuds.

— De tous côtés, en Ligurie, me dit Édouard, on voit des traces de tremblements de terre anciens. Dans les villages, beaucoup des ruines de 1887 s'écroulèrent sur des ruines d'autrefois qu'on ne s'était pas donné la peine de faire disparaître.

Le séisme de 1887 s'était étendu au nord du littoral. Il fut très sensible à Savone et à Milan. A Paris, l'Observatoire du Parc Saint-Maur constata une agitation de l'aiguille aimantée qui très probablement correspondait au trouble séismique.

CHAPITRE III

LA JAMAÏQUE. CHARLESTON. SAN FRANCISCO

Sommaire : La ruine de Kingston. — Sauveteurs mal reçus. — Destruction de Charleston. — Crevasses du sol; jets de sables et de vapeurs. — L'anéantissement de San Francisco. — Formidable incendie. — Résistance imprévue des « gratte-ciel ».

Édouard est très content de me voir intéressé par cette grande question des tremblements de terre. Passionné pour la science, il veut lui faire des adeptes. Il cherche à m'influencer en me disant qu'il fera de moi un géologue comme lui, parce que je trouverai bientôt plus de charme dans l'étude de la nature que dans le fatras de l'histoire et les puérilités de la littérature. Je lui dis qu'il a tort de blasphémer mes dieux, parce que je commence à rendre hommage au dieu inconnu qui est le sien. Du reste, je ne lui en veux pas de ses taquineries, et je profite de tous les renseignements qu'il me donne. Il y met beaucoup de complaisance. Il m'a emmené dîner à la pension Lafleur, où il prend ses repas, parce qu'il y avait convié aussi un vieil Américain de l'Ouest, qui en avait long à dire sur les séismes de son pays.

— Votre pays, nous dit M. William Ward, malgré son midi « qui bouge », me semble d'une délicieuse tranquillité, à moi qui me suis trouvé pris dans trois épouvantables catastrophes sur nos terres américaines. Je vous vois sourire, mes jeunes amis. Vous vous dites que je réclame pour l'Amérique le trust des séismes. Elle en a d'autres que je préfère. Je conviens, d'ailleurs, qu'il y a pas mal de citoyens des États-Unis qui, si les journaux et les voyageurs n'existaient pas, affirmeraient la stabilité parfaite de l'écorce terrestre. Pour moi, si j'ai de fortes raisons d'être convaincu du contraire, c'est qu'ingénieur de chemins de fer depuis trente ans, j'ai parcouru d'énormes surfaces de pays. Cependant, ce n'était pas pour y travailler que je me trouvais à la Jamaïque le 14 janvier 1907. Je me fais vieux, et je me repose souvent, en me promenant de ci de là sur le globe.

La veille de ce 14 janvier, je m'étais justement enquis, auprès d'un aimable et érudit Révérend, du passé de l'île, et j'avais constaté que celle-ci était tout aussi séismique que notre San Francisco. Le 17 juin 1692, Kingston fut détruit en deux minutes par un tremblement de terre. On vit longtemps au loin sous les flots les tours et les créneaux du Port-Royal et une cathédrale dont les pêcheurs, gens superstitieux, entendaient les cloches. Bien plus, on me mena à une pierre tombale consacrée à la mémoire d'un nommé Galdy. Cet homme, avalé dès le premier choc par une crevasse qui se referma sur lui, fut lancé en l'air, puis à la mer par une seconde commotion qui rouvrit le sol : il regagna le sol à la nage, rebâtit sa maison et mourut de sa belle mort quarante années plus tard !

Kingston, naturellement, fut reconstruite et elle comptait avant la dernière catastrophe environ 70 000 habitants. La Jamaïque est véritablement une île heureuse, charmante, fertile, arrosée par plus de cent rivières. Vous savez qu'on l'appelle la perle des Caraïbes. Je me plaisais beaucoup dans sa capitale, une ville animée, gaie, aimable pour l'étranger.

Il était trois heures de l'après-midi, je prenais une boisson froide au café. Toute la population semblait être dehors. La nuit, le désastre aurait été plus grand, car les maisons auraient écrasé la plupart des habitants. Je fus renversé avec mon siège et ma table, par le soulèvement brusque du sol, un mouvement ondulatoire et giratoire. Je me relevai, pour retomber encore. Cela dura trente mortelles secondes. Quand je pus tenir sur mes jambes, je voulus me rendre compte de ce qui s'était passé. Je savais bien que c'était un tremblement de terre, mais quel mal avait-il fait ? La poussière m'empêchait de rien distinguer, mais j'entendais des cris de douleur et d'épouvante.... Enfin, je distinguai une coulée rouge à mes pieds. Un des consommateurs du café avait eu le crâne brisé par la chute d'un pan de muraille. L'air s'éclaircit, et je ne reconnus pas Kingston : ce n'était qu'écroulements de maisons. L'incendie se déclara : les chocs recommencèrent, et la terreur s'accrut de la menace de la mer : un raz de marée venait déferler sur les quais. On dit qu'en certains endroits, l'eau de la mer s'est élevée jusqu'à la cime des palmiers. On s'enfuit vers les collines. Mais la circulation n'était pas facile dans les rues transformées en montagnes de décombres. La vue des blessés gisant de toutes parts, parmi les cadavres, retint les hommes de cœur qui aidèrent aux secours. La police locale ne se montrait pas à la hauteur de sa triste tâche ; les soldats ne recevaient pas d'ordre ; les malfaiteurs dévalisaient les blessés et les morts : vous avez vu aussi en Sicile de ces hyènes à face humaine. L'amiral Davis, cédant à un mouvement d'humanité, envoya à terre les matelots des cuirassés *Missouri, Indiana* et *Yanktin*, de la marine de l'Union, et les employa au

déblaiement des rues, à la garde des maisons, à l'enterrement des morts....
Et vous vous souvenez sans doute que cette noble conduite faillit donner lieu
à un incident diplomatique, le gouverneur de l'île ayant sèchement prié
l'amiral de ne s'occuper que de ses propres affaires et de rappeler à bord ses
matelots. Par bonheur, l'hôpital général de Kingston n'avait pas souffert, et
l'on put y transporter un grand nombre de blessés. Mais les lits manquaient et
il fallait laisser sur les pelouses un grand nombre de malheureux. Les navires
du port en recueillirent, mais il y en eut qui restèrent à l'abandon. Ils étaient
plus de cinq mille. On dit qu'il y eut deux mille morts.

Chose singulière, on ne sentit pas la secousse dans la montagne, et le
versant nord de l'île ne fut que très faiblement secoué.

Ainsi que je l'ai constaté en maints endroits, les maisons basses et légèrement construites n'eurent pour ainsi dire point de dommage : telles furent
les cases de chaume des indigènes, tandis que les somptueux édifices
modernes, nombre de beaux hôtels, par exemple, furent jetés par terre.

Le premier séisme dans lequel je me trouvai pris remonte à l'année 1886,
31 août. Ce fut un immense événement, tant par son étendue que par ses
desastres....

— Et par ses conséquences géologiques, interrompit Édouard.

— L'ébranlement, reprit M. William Ward, intéressa tous les États situés
entre les montagnes Rocheuses et l'Atlantique, mais la partie centrale de
cette vaste surface souffrit peu ou même ne s'aperçut point du phénomène.
Ce fut dans la Caroline du Sud, surtout à Charleston et dans ses environs
qu'il eut son maximum d'intensité. Je me trouvais à Summerville, petite plage
très fréquentée par les habitants de la capitale. Le temps était lourd, l'air
immobile. Tout à coup, la tempête de l'air se déchaîna avec celle des couches
terrestres. Il y eut quatre chocs d'une violence inimaginable. Le premier
se produisit à neuf heures cinquante-trois. D'après le directeur du service
géologique, l'ébranlement se propagea en un quart d'heure sur un territoire
représentant le quart des États-Unis. Je n'eus aucun mal physique, mais
j'étais en ce temps-là plus nerveux et moins aguerri que lors de mon passage
dans la Jamaïque, et je fus durant quelque temps très péniblement impres-
sionné. Charleston fut à peu près ruiné, et les habitants affolés se logèrent
sous des tentes, d'autant que, les jours suivants, les secousses reprirent
avec violence. Et, sur et sous les décombres, c'était l'affreux concert habituel
de cris et de plaintes de blessés et de gens qui recherchaient leurs proches et
leurs biens. Une vraie calamité nationale. Les fils électriques tombés sur
les ruines contribuaient à les rendre inextricables.

Quant aux conséquences géologiques dont parle M. Édouard, elles consistèrent, aux environs de Charleston, en énormes crevasses dont certaines avaient plus de vingt mètres de long. On n'en voyait point la profondeur et l'on prétend que leurs bords s'ouvraient et se fermaient en même temps que se produisaient les secousses. Il s'en échappait des jets de sable et des vapeurs sulfureuses. L'eau des puits montait et descendait convulsivement. Certaines personnes, peut-être éblouies par la peur, affirmèrent avoir vu la

SAN FRANCISCO. — RUINES DU CITY-HALL.

terre « vomir des flammes ». Ce qui est certain, c'est que le Grand Geyser du Parc National, endormi depuis plusieurs années, se réveilla en lançant une gerbe d'eau et de vapeur, d'une hauteur de trois cents mètres, et cela durant vingt-quatre heures.

Je vis aux environs de Charleston de petits cratères d'où s'échappaient des torrents d'eau noirâtre et bouillante, entraînant sur plusieurs centaines d'hectares et à une hauteur de plus de 50 centimètres une prodigieuse abondance de sable qui se déposa en couches concentriques, affouillées par de petits canaux qui finissaient par les transformer en marécages.

J'ai oublié de vous parler des bruits souterrains, détonations formidables
plus fréquentes que les secousses, avant et pendant lesquelles elles se produisaient. Elles rappelaient aux anciens habitants les bombardements de la
guerre de Sécession, par les batteries à deux ou trois kilomètres de la ville.

M. William Ward contait ainsi, tout en fumant sa pipe devant sa tasse à

SAN FRANCISCO. — RUINES D'UN HÔTEL.

café vide. Il fit une pause, pendant laquelle Édouard le pria de faire attention
à l'excellent marc de la pension Lafleur.

— N'êtes-vous point fatigué, monsieur? lui demandai-je.

— Pas du tout. Et vous m'écoutez si bien que j'ai autant de plaisir à vous
conter mes tremblements de terre qu'un vieux soldat en a à conter ses campagnes. Donc, je vous ai dit que je me trouvais à San Francisco le vendredi
18 avril 1906, jour du plus calamiteux séisme qui ait ravagé les États-Unis.
Les journaux vous ont conté tout au long le désastre : des milliers de maisons
détruites, des centaines de cadavres, les conduites d'eau et les conduites de
gaz rompues, si bien que rien ne s'opposait à la marche — au vol — du feu

qui, à lui seul, dévora tout sur une surface de huit milles carrés[1]. Sur les quatre cent mille habitants de San Francisco, il y en eut plus de deux cent mille ruinés. Les pertes s'élevèrent à deux milliards de votre monnaie.

— L'humanité, dit Édouard. semble être obligée par une loi mystérieuse et absurde de bâtir en certains points particulièrement faits pour les désastres.

SAN FRANCISCO. — LA BIBLIOTHÈQUE PUBLIQUE CARNEGIE.

La Californie a toujours été rudement secouée. Le professeur Holden a relevé 514 séismes pour toute l'étendue de l'État et 254 pour le seul territoire de San Francisco, de l'année 1850 à l'année 1886.

— Parfaitement. Et en 1868 une si grande partie de la ville fut détruite que l'on se demanda s'il fallait la reconstruire. Or, vous savez qu'on y a élevé ces maisons si hautes qu'on appelle gratte-ciel (*skye-scrappers*).

En 1906 le premier choc, qui dura huit secondes, se produisit à cinq heures seize, à en croire une bonne horloge publique, celle du « ferry-boat », donnant l'heure du Pacifique. Il y eut un court repos, puis une agitation de

1. 20 kilomètres carrés.

cinq secondes, enfin la terre trembla violemment et sans interruption pendant quarante-huit secondes.... Vraiment, je crus que c'était la fin du monde et que le ciel lui-même s'écroulait. Je logeais à l'hôtel Francis, très haut, et j'étais balancé comme sur un chêne secoué par la tempête. Évidemment l'établissement allait s'abîmer sur le sol avec les choses et les gens qu'il contenait. Il résista, mes amis. On assure, et je le crois, que ce fut à cause de sa carcasse d'acier. En effet, des maisons à dix-neuf étages, construites de même demeurèrent debout. Cependant on dut abattre le Palace Hôtel, construit en fer et en bois. L'hôtel de ville, une épaisse construction de pierre et de fer, avec une haute tour, à charpente de métal, surmontant un dôme métallique, fut positivement réduit à l'état de squelette, les murs, les planchers disparurent : seule persista la charpente en fer. Heureusement, à part les édifices publics, les banques, les hôtels, la plupart des maisons de San Francisco sont en bois, proie facile pour l'incendie, mais n'ayant pas produit l'écrasement de la majeure partie de la population, comme à Messine. On put observer d'étranges phénomènes sur celles de ces maisons qui avaient été épargnées par le feu : il y en avait de tordues, d'autres qui attestaient une seule poussée latérale. On en voyait dont la partie supérieure avait souffert alors que le bas était intact, ou bien c'était le contraire. Chez un de mes amis, le piano était la tête en bas. Je vous enverrai une photographie où vous verrez une statue tombée de son piédestal et proprement enfoncée, dans la terre, la tête la première, sans avoir souffert le moins du monde.

Toute la région, située sur la zone du maximum d'intensité a cruellement souffert. Et elle a une longueur de 290 kilomètres, de Santa Rosa à Salina.

— Et, fis-je, on rebâtit San Francisco.

— Elle est rebâtie. L'incendie n'était pas éteint qu'on élaborait déjà les plans. Le port est l'un des meilleurs, l'un des plus beaux du monde ; il sert de débouché à d'immenses richesses. Des millions d'hommes en vivent : on peut bien lui en sacrifier quelques centaines, quelques milliers.

— Et puis, dit Edouard, quand on connaît et accepte un ennemi, on s'arrange, on fait une paix armée. On commence à prendre de bonnes précautions dans les pays à séismes.

— Je crois, conclut M. William Ward, que ces précautions ont été prises, en principe, à San Francisco.

« En principe » nous fit rire.

CHAPITRE IV

LE JAPON

La famille Durozier, qui avait beaucoup de relations, fut invitée à une soirée de l'ambassade du Japon. Édouard, — qui était de la partie, grâce à un éminent géologue de Tokio, qu'il avait piloté dans Paris, — prévint Albert qu'on pourrait avoir auprès de ce savant des renseignements de première main. Et le jeune homme ouvrit un nouveau cahier.

M. Okavara est un Japonais grisonnant, très souriant, et très fin, qui prit bonne opinion de moi sur ce que je lui dis des progrès de la séismologie dans son pays. Il se trouvait à Yokohama le 27 octobre 1891, c'est-à-dire en un lieu où le séisme ne se manifesta que d'une façon atténuée.

— Cependant, dit-il, à six heures quarante du matin toute la ville fut réveillée par des secousses violentes et prolongées. Les maisons étaient si fort ébranlées que l'on avait le temps de se demander si elles n'allaient pas s'écrouler. Les personnes que la frayeur ne paralysait pas eurent le temps de gagner les rues déjà jonchées de morceaux de toitures. Je faillis recevoir sur la tête une pierre de la grande cheminée de l'usine électrique. Comme nous avons au Japon l'expérience des catastrophes, je me demandai tout de suite si le désastre ne s'était pas étendu ailleurs. Hélas! la plus grande partie du Japon avait tremblé, et ce que nous avions éprouvé à Yokohama n'était rien auprès de ce qu'avaient subi les provinces de Mino et d'Owari, et surtout la ville de Gifou, capitale de Mino. Le tremblement de terre a duré jusqu'au 9 novembre, avec, comme toujours en pareilles circonstances, des alternatives de calme,

qui d'ailleurs ne laissaient pas la moindre sécurité. Il y avait des chocs verticaux combinés avec des secousses ondulatoires qui, du côté de Gifou,
faisaient de la terre une masse aussi houleuse qu'une mer démontée. Il
semble, d'après les indications des instruments, que, lors du premier choc,
les secousses, d'abord faibles, ont été en augmentant durant trois minutes
cinq et ont peu à peu diminué dans le même laps de temps. L'observatoire
de Nagoya a enregistré en onze jours plus de 6 600 secousses violentes.

M. Okavara s'explique assez difficilement en français, ce qui, sans doute,
l'empêche d'être expansif. Je lui dis qu'il pouvait me parler anglais, s'il le
préférait; mais, par politesse, ou pour faire un bon exercice, il préféra
continuer à me parler dans notre langue.

— Les dommages, sans doute, furent considérables? demandai-je.

— Énormes. Trente-une provinces furent éprouvées. Mais la statistique
ne fut pas complètement faite. Certains estiment à quatre cent mille le
nombre des malheureux qui se trouvèrent sans abri; d'autres disent neuf
cent mille. Et, avec le temps, on eut lieu de croire que ce dernier chiffre est
plus près de la vérité que le premier, car la campagne, très populeuse, eut
tous ses villages ravagés. Il y eut plus de dix mille blessés. Quant aux morts,
on en compta huit à neuf mille.

— C'est peu, dis-je, relativement à Messine.

— La raison en est dans la légèreté de la plupart de nos constructions.
Cependant, il y eut encore bien des gens écrasés, et en lisant les détails
donnés par les journaux italiens sur les victimes j'ai revu, comme si elles
étaient d'hier, les scènes dépeintes par nos reporters.

— Mais, dis-je, en votre qualité de géologue, vous avez dû voir par vous-
même les régions sinistrées?

— Je ne pus partir tout de suite, retenu à Yokohama par mes fonctions.
Quand j'arrivai au centre de la région ébranlée, on ne voyait plus de
victimes que dans les hôpitaux. Mais je ne perdis rien des faits géologiques,
les plus intéressants pour moi.

Ces derniers mots me rappelèrent que les Japonais n'ont pas une grande
réputation de sensibilité.

— Ne croyez pas cependant que le spectacle des ruines me laissa indiffé-
rent, ajouta M. Okavara. Il n'y avait pas un an que j'avais vu Gifou, dont les
différents quartiers étaient séparés les uns des autres par des bocages de
grands arbres, dont les temples avaient de merveilleuses boiseries et des
cloches de toute beauté, dont les maisons, à toit de chaume ou de tuiles noires
à rebord blanc, étaient construites en bambou et en carton, avec des cloisons
de papier et de légers panneaux à coulisses, et entourées de petits jardins

très fleuris et sillonnés de ruisseaux limpides.... Ah! tout cela s'écroula comme château de cartes et n'aurait pas fait grand mal, si le feu n'y avait pris et n'avait été activé par un vent violent. Il y eut un nombre énorme de gens brûlés, d'autres furent engloutis, broyés dans des crevasses. L'incendie qui avait dévoré les maisons n'avait pas consumé tous les cadavres. Il fallut les arroser de pétrole; ce fut, dit-on, un bûcher pour trois mille morts.

JAPON. — LA ROUTE DE NAGOYA A GIFOU.

Dans les couches du sol qui, pendant la grande secousse, se courbaient et se redressaient successivement, s'ouvrirent des crevasses innombrables, de véritables gouffres d'où l'on voyait jaillir des masses de sable gris, des torrents de boue blanchâtre formée d'argile plastique, se déposant en sédiments que je pus observer de toutes parts. Des eaux sulfureuses, des vapeurs sortaient aussi des fissures. Le long de la rivière Kisogava, la terre, entaillée de fissures gigantesques, offrait vraiment l'image du chaos. Sans manifester d'activité, notre beau volcan, le Fouzi-Yama, a perdu sa forme conique si admirablement régulière : l'un de ses versants a été fortement échancré.

Le directeur de l'Observatoire de Gifou a démontré que le tremblement de terre de 1891 est parti du massif de Hakousan, dans le nord-ouest de la province de Mino. L'épicentre comprend une surface de 11 500 kilomètres carrés, avec une forme d'ellipse dont le grand axe était dirigé du nord au sud. Les autres courbes, y compris les zones de faibles intensités, occupent une superficie totale de 151 900 kilomètres carrés.

Le séisme fut ressenti de Tokio, dans l'est, à Kobé dans l'ouest, à Sendaï, dans le nord, à Nagasaki au sud. Les vibrations du sol ont même été constatées à l'observatoire de Zi-ka-wei, en Chine, parcourant, selon les indications des instruments enregistreurs, 1 635 kilomètres en 13 minutes 5 secondes.

Mon géologue japonais se lança ensuite dans de longues dissertations théoriques, car il croyait parler à un homme du métier. Je n'y compris pas grand'chose, moins à cause de l'élocution difficile de mon interlocuteur que de mon ignorance des faits élémentaires de l'histoire de la Terre.

Ma sœur Léonie me demanda si j'avais été satisfait de mon interview avec le savant japonais.

— A moitié seulement. Il ne m'a rien dit qui m'ait représenté vivement cette grande catastrophe.

— Ça ne m'étonne pas, dit Léonie : nous n'avons pas les mêmes manières de sentir que ces petits hommes jaunes. Cependant, j'ai marqué pour toi, dans *Le Tour du Monde* de 1892, la traduction d'un article de reporter japonais, qui m'a paru assez intéressant et même pittoresque.

Le lendemain matin, je tirais de la bibliothèque de mon père le volume signalé par ma sœur. M. Gabriel de Roton y a donné, d'après des documents japonais, un excellent récit du tremblement de terre en question. Je résume ici la relation transcrite par lui, d'après M. Taiaga, qui l'avait publiée dans un journal de Tokio, *La Vie illustrée*.

Le reporter fait d'abord en chemin de fer le trajet de Tokio à Ogaraki ; il prend ensuite un *djinriki*, petite voiture traînée par un homme toujours courant, pour franchir les 36 kilomètres qui le séparent de Nagoya.

« Je m'arrêtai, dit-il, à Tchirifou pour déjeuner. A environ 6 kilomètres de la ville, des crevasses longues de 8, 10, 15 mètres, se sont ouvertes dans le sol et d'une façon si nette et si rapide à la fois qu'un pin planté sur le trajet de la grande crevasse s'est trouvé brusquement fendu par le milieu. Ses deux parties continuent à vivre à 2 mètres l'une de l'autre, sur les deux bords de la crevasse.

« Arrivé à Atsouta, je trouve une ville absolument bouleversée. Pendant plus d'une semaine, me dit-on, les employés de la mairie ont dû passer toutes les nuits à faire cuire le riz destiné à la nourriture des malheureux sinistrés. »

M. Taiaga s'arrête à la filature de coton d'Ovari où se trouvaient, au moment de la catastrophe, 450 personnes dont 35 périrent, pendant que 130 furent blessées grièvement.

« L'ingénieur qui m'accompagnait me dit comment il vit la haute cheminée en briques, après la première secousse, se balancer de droite à gauche,

JAPON. — GIFOU APRÈS LE TREMBLEMENT DE TERRE.

ensuite craquer, se lézarder en haut en bas, et puis, un instant après, s'écrouler avec un fracas épouvantable.

« Comme le jour touchait à son déclin, je rejoignis bien vite mon djinriki, avec l'intention de gagner Nagoya avant nuit complète. Vingt minutes après, je faisais mon entrée dans la capitale d'Ovari.

« Tout d'abord, ce qui frappa ma vue, ce furent les grands boulevards encombrés de baraques provisoires, l'espace libre suffisant même à peine au passage de mon djinriki. Cependant l'obscurité commençait à devenir complète, je remarquai qu'aucune maison n'était éclairée au moyen de lampes à pétrole : partout, il n'était fait usage que de lanternes avec des bougies, le pétrole se répandant à terre à la moindre secousse et par là même étant une cause d'incendie. Dans les rues, ce n'était que patrouilles faisant la ronde et conviant les habitants à se bien munir contre le feu.

« Très fatigué, j'entre dans le premier hôtel venu. Le hasard fait qu'il n'a pas subi de dégâts trop considérables. A peine étais-je installé dans ma chambre que tout à coup je sentis une onde, une vague terrestre passer sous mes pieds à trois reprises différentes et se diriger du sud-est au nord-ouest. Les planchers de l'hôtel grincèrent, les chaises fléchirent, et une lanterne suspendue au mur se balança.

« Pendant la nuit, m'étant réveillé, j'éprouvai quatre heurts successifs. Ces chocs me donnèrent l'illusion d'une chute que mon matelas aurait faite d'une hauteur de 12 à 15 centimètres sur le sol.

« Ne pouvant plus tenir en place et profitant de mon insomnie, je sortis de l'hôtel, — il était à peu près dix heures du soir, — pour aller voir mes amis et faire les cent pas dans la ville. Pendant que j'étais en train de prendre du thé dans une maison, une nouvelle secousse se fit sentir, suivie à l'instant même

JAPON. — PONT DE DIVAJIMA.

JAPON. — NAGOYA.

d'un sauve-qui-peut général. En un clin d'œil tout le monde se rendit au
jardin.

« Je pris congé de mes amis. En parcourant les rues, quel spectacle
lamentable s'offrit à mes regards! A la lueur tremblotante des lanternes, on
ne voyait que gens hâves, demi-nus, à moitié morts de terreur, de chagrin, les
uns dormant sur leurs nattes au milieu même de la rue, d'autres blottis dans
de misérables koyas ouverts à tous les vents et faisant entendre de sourds
gémissements. J'ai vu de jeunes mousmés dont le visage était épanoui comme
les fleurs, partager quelques lambeaux de couverture insuffisants avec de
vieilles femmes brûlant la fièvre, le regard vague.

« Comme contraste, les enfants, insouciants du danger, se réunissaient en
groupes comme s'il se fût agi de quelque grande fête, et frappant sur des
tambours, faisant le plus de bruit possible, ils parcouraient les rues en
sautant, bousculant tout sur leur passage et criant à tue-tête : « Prenez garde
au feu! prenez garde au feu! »

Le lendemain matin, notre reporter japonais s'en allait interviewer un personnage important de la ville sur l'événement du 28 octobre, — lequel remontait déjà à quelques jours.

Il était six heures trente-huit minutes cinquante secondes, quand la terre fut secouée effroyablement du sud-est au nord-nord-ouest. Ecroulements, incendie, épouvante :

« Je n'exagère pas en disant qu'on aurait cru entendre le bruit répété de la mitraille ou encore celui de montagnes qui s'écroulent. C'était à en être littéralement assourdi. A peine entendait-on les pleurs des malheureux sinistrés appelant au secours.

« Avec un courage au-dessus de tout éloge, au péril même de leur vie, sous l'avalanche des pans de mur qui, d'instant en instant, augmentait le nombre des victimes, les employés de la préfecture, ceux du *yakuba*, les agents de police relevaient les blessés et les morts au milieu des survivants qui s'efforçaient de retrouver les leurs dans ce charnier infect.

« Pour dix blessés trouvés dans les ruines, soixante, quatre-vingts, on découvrait cent cadavres; la plupart conservaient l'attitude où la catastrophe les a surpris, comme cette petite mousmé dont la main crispée tenait deux bâtonnets à manger le riz.

« Quelquefois, bien rarement, on ramena à la lumière des êtres qu'une circonstance providentielle avait préservés de toute blessure, de la plus légère contusion. En revanche, elles sont nombreuses les familles qui ont disparu tout entières....

« Voici des malheureuses qui ricanent, d'autres qui répètent sans fin un chant mélancolique : elles sont devenues folles.

« Le sauvetage était long, difficile et périlleux. Pas d'outil pour enlever ces poutres, ces plâtras sous lesquels on sentait les vies s'éteindre. Puis ceux qui étaient en état de travailler étaient rares. Quelle autorité pouvait leur imposer une méthode?

« Les mains fouillaient les décombres; on enlevait ainsi des tombereaux de débris. Parfois on rencontrait une main, un pied, un visage. On redoublait d'efforts. Qu'allait-on retrouver : un vivant ou un mort? Presque toujours, c'était un mort. L'asphyxie gagnait peu à peu celles des victimes qui n'avaient pas été tuées sur le coup. Les cris, les plaintes qui servaient à nous guider diminuaient d'intensité et, comme pour rendre le sauvetage encore plus difficile, la terre, presque d'heure en heure, s'ébranlait de nouveau, faisant à chacune de ses palpitations de nouvelles ruines et de nouvelles victimes. »

Un fait qui témoigne bien de l'esprit pratique et surtout essentiellement moderne des Japonais, c'est leur soin de préserver avant tout les appareils télégraphiques : peut-être était-ce aussi la peur de la solitude en ces

JAPON. -- MENDIANTS A NAGOYA.

effroyables moments. Toujours est-il qu'à la première alerte, les employés du bureau central des postes et télégraphes de la province d'Ovari transportèrent les appareils au milieu de la rue et qu'il n'y eut aucun retard dans la transmission des dépêches. Le soir même, le déblaiement des bureaux de la poste était fait et l'on sauvait l'argent.

Le reporter japonais se met en route pour Gifou, plus éprouvé encore que Nagoya. Que de ruines! que d'accidents géologiques sur la route! Son voyage m'en donne une meilleure idée que le récit trop concis de mon interlocuteur d'hier.

Voici à Bivajima un viaduc passant au-dessus du village et de la route. Celle-ci est restée intacte, mais les deux remblais qui soutenaient le pont ont été soulevés et les culées, sans qu'aucune des pierres qui les composent ait bougé, se sont penchées « et semblent deux tours de Pise en miniature ».

« Le tablier du pont n'a pas cédé, aucun joint ne s'est rompu, pas un rivet n'a sauté : le métal s'est pour ainsi dire allongé. Les maisons, au contraire, ont suivi le mouvement du sol, et quelques-unes surpassent maintenant de leur toit le niveau du pont qui les suplombait avant la catastrophe. »

La circulation n'est pas interrompue sur le pont de bois de Bivajima, quoiqu'il se soit affaissé au point de reposer dans le lit de la rivière (les eaux sont basses), « mollement étendu et prenant la forme d'un serpent qui déroulerait ses anneaux ».

Un autre fait qui me semble bien fort, mais moins que cette plaisanterie tant de fois constatée de la foudre qui déshabille ses victimes :

« De l'autre côté de la rivière (le Chonaïgava), il y avait une large plantation de pins et de bambous au milieu de laquelle se trouvait une maison de paysan. Un mouvement de translation s'opère soudain, et bosquet de bambous et maison rustique sont transportés en un clin d'œil à 30 mètres au delà du Chonaïgava. »

La plaine qui s'étend entre Nagoya et Gifou est une des plus fertiles et des plus peuplées : c'est le « jardin fleuri du Nippon ».

Le mal certainement est réparé maintenant, mais quel épouvantable désordre en cette fin de 1891!... Des riches villages, il ne reste pas une maison debout.... « La contrée est maintenant comme couverte de mille toits recourbés aux deux extrémités, à plat sur le sol; vus d'une certaine distance, ils présentent absolument l'apparence de selles gigantesques. » Les paysans y ont percé des ouvertures et se sont logés sous les parties ventrues. Mais la plupart de ces abris précaires se trouvent dans les rizières d'où la première inondation les emportera.

Près de la rivière de Kisogava, dont M. Ogasaka m'a parlé, la voie ferrée

JAPON. — SECOURS AUX SINISTRÉS.

présente les plus étranges ondulations. Les crevasses le long de la rivière sont énormes. Il y en a une de 20 mètres de large, de 100 mètres de profondeur qui se continue sur des kilomètres.

« Des maisons ont disparu dans ces crevasses sans cependant subir aucun dommage : elles y descendaient doucement et les habitants, se trouvant tout à coup emmurés, n'avaient d'autre issue que la fenêtre. Mais, chose tout à fait extraordinaire, cent cinquante personnes n'ont cessé d'habiter sur ce sol mouvant, et il n'y a eu que fort peu d'accidents à déplorer. »

Le Tour du Monde cite des fragments du Journal de M. Burton qui visita Gifou à la fin de novembre :

« Çà et là, au milieu des ruines, quelques misérables koyas, cahutes à peine recouvertes d'un peu de paille, ouvertes à tous les vents, où hommes, femmes et enfants sont entassés pêle-mêle dans la plus attristante promiscuité. Dans leurs regards une expression de stupeur morne, comme s'ils reflétaient encore la vision de l'horrible scène.

« Ces pauvres gens mendient mais si timidement, avec un air si honteux, si embarrassé!... On voit que leurs mains ne sont pas habituées à se tendre pour demander l'aumône. C'est navrant. Une vieille femme aux cheveux blancs toute courbée, s'est avancée vers moi et m'a dit simplement : « Pour mes enfants ».

« Plus loin, c'est un petit garçon qui surgit près de moi, un bouquet de chrysanthèmes à la main. Et à côté, dissimulée derrière un pan de mur, j'aperçois une femme, sa mère sans doute, à la figure hâve, anxieuse, qui le suit des yeux....

« Dans un baraquement où je passai la nuit en compagnie de plus de vingt personnes, c'était un sifflement de toux à fendre l'âme. Le froid est vif, la pluie et la neige tombent fréquemment, les abris sont complètement insuffisants : rien de surprenant que des maladies de poitrine se soient déclarées en foule. »

Pour soulager tant de misères, des souscriptions furent ouvertes au Japon. L'empereur donna sur sa cassette 26 000 yen (104 000 francs, l'yen valant quatre francs). Les résidents étrangers réunirent 160 000 francs. Neuf millions furent prélevés pour les sinistrés sur le budget de l'État. Et pour faire comme en Europe, on organisa, sous le patronnage de l'impératrice, une vente de charité, qui rapporta 30 000 francs. Mais ce qui fut mieux encore, ce fut enfin quelque clémence de la nature et l'immense courage des hommes qui fit reprendre immédiatement la culture du riz et du thé.

CHAPITRE V

LA GRÈCE ET LA TURQUIE

Édouard Chambray continuait de s'intéresser aux progrès que son ami Albert faisait dans l'étude de la Nature représentée par le plus formidable de ses phénomènes, et continuait aussi de le mettre en rapport avec les personnes qui pouvaient lui conter quelque épisode de la séismologie. Ayant fait la connaissance d'un Arménien, voyageur de commerce qui plaçait chez des confiseurs et des épiciers de Paris des confitures et des bonbons d'Orient, il s'en alla avec Albert déjeuner dans un restaurant de la rue des Écoles, où cet Arménien, M. Derounian, prenait ses repas. Quoique occupé d'un commerce peu intellectuel, M. Derounian était un homme instruit, qui avait beaucoup voyagé, bien vu et beaucoup retenu. Il se trouvait en Grèce en 1894, lorsque ce beau pays fut fortement secoué, et il donna à Albert Durozier des détails qu'Édouard appuya de divers renseignements puisés dans des livres et des notes scientifiques. Albert ouvrit pour toutes ces données un nouveau cahier.

— Ce beau pays de Grèce, me dit Édouard, où l'homme a tant pensé, tant construit, tant élevé de temples, de théâtres, de statues est un pays d'élection pour les tremblements de terre. On les a constatés, décrits, comptés depuis les temps les plus lointains, et l'on est arrivé à cette moyenne énorme de 275 secousses par an sur ce territoire si étroit [1].

— C'est à se demander, fis-je, comment il y reste un monument antique.

— Les trois îles de Leucade, de Céphalonie et de Zante sont parmi les plus éprouvées même en Grèce, et les désastres y sont accrus par la mauvaise

1. D'après M. de Montessus de Ballore (*Géographie séismologique*, p. 264).

construction des édifices qui ne tient aucun compte de l'instabilité du sol. Puisque tu recherches des détails sur les séismes dont tes contemporains ont pu être témoins, lis cette note qu'a envoyée à mon père un géologue italien de ses amis sur l'île de Zante. Tu ne saurais avoir de source plus sûre.

L'île fut ravagée de fond en comble et sur presque toute sa surface au commencement de 1893. Mais l'agitation du sol s'était fait sentir dès le mois d'août 1892. Les paroxysmes eurent lieu le 31 janvier à cinq heures trois minutes du matin, le 1ᵉʳ février à une heure cinquante-six minutes du matin et le 17 avril à sept heures quatre minutes du matin. Il y eut des secousses un peu moins fortes le 31 janvier dans la nuit, le 20 mars et le 4 août de la même année. Le paroxysme du 17 avril fut aussi violent que celui du 31 janvier.

M. Issel a observé à Zante cinq espèces de phénomènes : 1° les secousses normales; 2° les vibrations; 3° les détonations; 4° les chocs; 5° les balancements.

« Les secousses normales commencèrent par un mouvement horizontal et se continuèrent par une oscillation verticale, se terminant parfois par une vibration ou un balancement rapide dans le sens horizontal. Elles étaient souvent précédées par un grondement souterrain, comme un fracas de lourds chariots roulant sur une chaussée (*rombo* des Italiens) qui cessait un peu avant la fin de la secousse. Elles avaient une intensité et une durée variables et semblaient presque toutes produites par une cause commune, agissant au-dessous d'un point situé en mer, au sud-ouest de l'île, à quelques kilomètres du cap de Keri.

« Les effets mécaniques de la première grande secousse et surtout le déplacement subit des blocs de marbre de forme et de dimensions différentes, dans plusieurs monuments funéraires du cimetière de la ville de Zante, prouvent que l'oscillation a eu lieu principalement d'après deux composantes horizontales, dont l'une de l'est à l'ouest et l'autre du sud au nord. J'ai constaté, sur une douzaine au moins de cippes ou de stèles, un déplacement très fort vers l'ouest et un peu faible vers le nord, ainsi qu'une rotation de nord à sud par ouest, atteignant jusqu'à une trentaine de degrés.

« Les vibrations furent observées avec beaucoup de fréquence avant et après les grandes secousses : on en a compté, dans la première phase d'activité, jusqu'à quarante ou cinquante dans une seule nuit. Elles étaient généralement horizontales, très légères et de courte durée, et semblaient des manifestations plus faibles du phénomène qui se produisait par les secousses de la première espèce.

« J'ai appelé *détonations* des bruits souterrains semblables à des coups de canon tirés en mer dans l'éloignement, et quelquefois au fracas des bulles de gaz qui éclatent dans les cratères volcaniques pendant les éruptions. Parfois, les explosions étaient isolées, plus souvent elles se répétaient par séries pendant plusieurs minutes; dans ce cas, à une interruption plus longue qu'à l'ordinaire, succédait un coup plus fort. Ce phénomène fut observé dès le commencement de la période séismique, avec les secousses préparatoires et se termina avec la cessation de la période d'activité, qui a duré en s'affaiblissant jusqu'au mois de novembre 1893. Les détonations étaient très fréquentes après la première grande secousse et semblaient partir d'un foyer situé au sud-ouest de l'île, vers l'îlot de Marathonisi. J'en ai compté un grand nombre pendant les nuits du 21 au 22 mars, du 2 au 3 et du 9 au 10 avril 1893. Après mon départ de l'île, elles furent très nombreuses dans la soirée du 16 avril, la veille de la troisième secousse désastreuse.

« Les chocs étaient des commotions brusques, instantanées, comme des coups de bélier, suivis d'un léger tremblement et sans bruit souterrain appréciable; ils ressemblaient à l'effet produit par la chute d'un corps très lourd sur un sol un peu élastique et mou. On en a signalé un, observé le 31 janvier un peu avant la grande secousse.... »

Édouard avait souligné au crayon sur la note du savant italien cette dernière remarque qui, me dit-il, appuiera une théorie fort importante :

« Les balancements sont des oscillations horizontales assez rares, très longues, lentes, régulières et sans saccades. Il faut les considérer à Zante, ainsi qu'en Italie, où leur nature a été bien démontrée, comme l'écho affaibli de secousses normales se propageant d'un centre très éloigné, secousses étrangères à toute activité locale [1]. »

Nous demandâmes à M. Derounian si la Grèce continentale avait été ébranlée à la même époque que Zante.

« Certes, nous dit-il. Au mois de mai, Thèbes fut même très éprouvée. J'y étais en tournée, et le jour même de mon arrivée, le 22, le soir, alors que l'on prenait le frais dans les rues, une petite secousse commença à répandre la panique. On n'osa rentrer chez soi : on s'attendait à pire. Toute la journée du lendemain se passa tranquillement, mais on était triste. A dix heures du soir, nouvelle secousse et des grondements sourds. On dormit encore moins que la nuit précédente. Les chiens hurlaient. Le 24, vers midi et demi, on entendit une grande rumeur souterraine, qui semblait venir de la campagne.... La terre tremble, les maisons oscillent, s'écroulent avec fracas, dans des nuages et des tourbillons de poussière. Beaucoup crurent à la fin du monde

---

1. Extrait des *Comptes Rendus de l'Académie des Sciences*, 12 février 1894.

et pourtant les vieillards devaient se souvenir que même malheur arriva en 1853, et que l'humanité n'en périt pas. Mais, en pareil cas, chacun ne songe qu'à soi et ne fait pas de réflexions. Les femmes se jetèrent à genoux en implorant la Vierge. Bientôt la population entière manifesta sa dévotion : on chantait le *Kyrie eleison* tous à la fois, puis l'on récitait les litanies. Il y avait de quoi être épouvanté et désolé : les deux tiers de la ville n'étaient plus que décombres. Le pire, pour les pauvres Thébains, c'est qu'une prophétie annonçait la destruction totale d'une ville grecque pour le 28 mai. Il n'y avait pas à essayer d'affaires en un pareil moment. Je m'en allai dans une contrée plus tranquille. »

Cet aveu nous fit sourire, Édouard et moi. Cependant, il faut bien convenir que, malgré l'intérêt que je prends à la séismologie, je serais peut-être parti aussi.

« Moins d'un an après, en avril, reprit M. Derounian, la fête recommença. Toute la Grèce fut secouée et il y eut plus de trois cents morts et des pertes incalculables, car de tous côtés ce n'était que démolitions. Je me trouvais dans ma résidence habituelle, à Athènes, qui ne souffrit pas beaucoup. On se disputait les journaux, pour avoir des nouvelles de tout le pays. Les secousses avaient commencé le 20 avril, et en mai on dansait encore çà et là. La petite ville d'Atalante fut complètement détruite, envahie par la mer à plus de mille mètres du rivage. On y compta au delà de soixante-cinq secousses en vingt-quatre heures. Il se produisit des affaissements du sol, des fissures, des crevasses. Il se fit sur la côte de Locride, le 28 avril, une crevasse de plus de 8 kilomètres de longueur, qui s'arrêta à quelques centaines de mètres d'Atalante. Les mouvements du sol étaient accompagnés de grondements souterrains.

« Le 1er mai, nouvel ébranlement, la grande crevasse s'allonge et bientôt mesure 50 kilomètres. Jugez que de routes détruites, que de ponts écroulés, que d'édifices renversés !... C'était à croire qu'une partie du pays allait être arrachée de l'autre. La plaine s'était abaissée, aux environs d'Atalante, de plus d'un mètre au-dessous de son ancien niveau. Quant à la crevasse de 50 kilomètres, d'une largeur variant de 1 à 3 mètres, elle n'était profonde que de 1 m. 50 au plus. Elle enveloppait tout Atalante et quelques villages.

« A Xirokhori, les habitants qui campaient dehors, comme presque toute la Grèce, virent de nombreuses sources jaillir d'un terrain aride. La plus considérable sortait en jets d'un cratère éteint depuis des siècles et formait un ruisseau s'écoulant dans la mer.

« L'Eubée avait également des jaillissements de sources nouvelles. Les secousses y étaient saccadées et violentes. L'eau de mer, près et loin des côtes, était profondément salie. La Béotie a souffert beaucoup aussi. »

Thèbes, la Béotie, l'Attique, tous ces beaux noms que prononçait notre commis voyageur arménien me frappaient au cœur, me donnaient l'envie de recourir à mes auteurs anciens, de voir ce qu'ils ont dit des tremblements de terre. Je m'accorderai, au premier moment, le plaisir de faire ce petit travail de revision, dans les livres, tant de fois feuilletés, mais pour des sujets bien différents....

« M. Derounian, — qui semblerait poursuivi par les séismes si, en ces pays du sud de l'Europe, ils n'étaient événements si fréquents qu'un homme qui se déplace beaucoup n'en doive collectionner, pour peu qu'il ait de la chance, plusieurs par an, — se trouvait à Constantinople le 10 juillet de cette même année 1894. Il était midi vingt, lorsque les secousses, très violentes, se firent sentir d'une façon cruelle, en renversant des maisons et tuant cent vingt personnes, à Stamboul, Péra et Galata. Les jours suivants, la terre trembla encore, mais moins fortement. Les îles des Princes, dans la mer de Marmara, ont été très éprouvées par la mort et la destruction. Le flot se retira à cent mètres des quais. Brousse, Smyrne et Ada-Bazar subirent de graves dégâts. Un peu partout le sol fut fissuré. »

CHAPITRE VI

UN PEU PARTOUT

Sommaire : Tragique interruption d'une promenade en bicyclette. — Shillong renversée comme un château de cartes. — Le désastre de Valparaiso. — En Argentine. — Au San Salvador. — L'Algérie et le Maroc secoués.

Je continue à rencontrer des témoins oculaires de tremblements de terre, et de plus en plus je suis désireux d'étudier méthodiquement ce grand phénomène.

Nous avons eu à dîner une dame anglaise, Mrs Smith, présentée à ma mère par ma tante. Cette dame, veuve d'un colonel, se trouvait aux Indes le 12 juin 1897, date d'une grande catastrophe.

« Je peux en parler, me dit-elle, car j'habite Shillong, jolie petite ville de l'Assam septentrional, très confortable, avec de charmantes villas, un casino, des champs de polo, de belles églises, un palais du Gouvernement bâti en marbre et en granit, — et qui fut complètement détruite. Il était cinq heures de l'après-midi (exactement cinq heures onze, d'après ce que l'on constata officiellement), je faisais une promenade à bicyclette le long du lac. Tout à coup je suis saisie de terreur, en entendant un immense grondement qui venait des profondeurs de la terre et des eaux. Avant que je pusse faire une réflexion, j'étais jetée par terre au bord d'une crevasse subitement formée. Je crus ma dernière heure venue.... Pendant trois minutes la terre trembla. Je voulais me remettre debout, mais je trébuchais et retombais.... Quand la terre eut repris son calme, je poursuivis mon chemin vers la ville, mais le sol fendillé, encombré de débris, ne me permettait pas de me servir de ma bicyclette. Enfin la route me fut barrée sur le quai par une trombe liquide s'échappant d'un trou fait dans le granit.... Ah! j'étais plus morte que vive et dévorée d'inquiétude en pensant à mon mari. Maintenant que je n'étais plus éloignée de ce qui fut Shillong, j'entendais un épouvantable concert de gémissements, de cris de désespoir.... Était-ce la peur qui me troublait la vue : je ne reconnaissais plus rien ; il n'y avait plus de maison sur les collines ; des **tas** informes apparaissaient entre des nuages de poussière. Je cherchais la place des clochers, des monuments : rien ne dominait le chaos.... Je fus rencontrée par un officier sous les ordres de mon mari. Je crois que, sans son secours, je me serais évanouie de désespoir. Avec mille difficultés, par toutes sortes

VALPARAISO. — CIMETIÈRE APRÈS LE TREMBLEMENT DE TERRE D'AOUT 1906.
(Communiqué par la Société de Géographie de Paris.)

de détours parmi les ruines, nous parvînmes dans Shillong, où Dieu me fit la grâce de retrouver le colonel sain et sauf. Il y avait un grand nombre de morts et plus encore de blessés. Pas un abri pour la population, et une pluie torrentielle se mettait à tomber. L'église et le palais du Gouvernement étaient par terre, aplatis comme des châteaux de cartes renversés.

— L'Inde a-t-elle souvent des tremblements de terre? demandai-je.

— Très souvent, mais celui de 1897 fut un des plus violents qu'elle eût jamais subis.

Une amie de ma mère l'ayant mise en rapport avec un marchand chilien

venu à Paris avec une quantité énorme de peaux de chinchilla, et cet homme
nous ayant apporté à la maison des échantillons de ses fourrures, Léonie me
rappela que le Chili a eu de forts tremblements de terre dont les journaux
ont parlé. Tout en ayant l'air absorbée par ses cours de littérature et d'histoire de l'art, Léonie est au courant d'une foule de choses. J'allai assister
avec elle au palabre ayant pour objet l'achat d'assez de chinchilla pour garnir

VALPARAISO. — UNE MAISON EN CONSTRUCTION, APRÈS LE TREMBLEMENT DE TERRE D'AOUT 1906.
(Communiqué par la Société de Géographie de Paris.)

deux sorties de bal. Le marchand, un Espagnol, qui avait du sang d'Indien,
et qui était de Santiago, répondit d'autant plus aimablement à mes questions
qu'il venait de s'entendre avec ma mère sur le prix de sa marchandise. Il me
dit qu'en son pays, les tremblements de terre, pourvu qu'ils ne soient pas
excessifs, ne causent pas plus d'émotion que ne nous en donnent les orages.

« Mais, ajouta-t-il, les secousses du 16 août 1906 passèrent toute per-
mission, car il y eut des milliers de victimes; toute la côte fut dévastée, et
Valparaiso ruinée. A Santiago, nous crûmes bien que notre fin était venue....
Ah! on prie bien le bon Dieu dans ces moments-là, où il a l'air de se fâcher....

Il était exactement sept heures du soir, lorsque le sol se mit à onduler, comme la mer quand elle commence à s'agiter.... Cela dura près de quatre minutes. Après un calme de cinq minutes, les secousses recommencèrent, mais cessèrent complètement au bout de vingt secondes.

« Douze ans auparavant, le 27 septembre 1894, étant encore jeune homme, je me trouvais dans la République Argentine où mes parents m'avaient

VALPARAISO. — CAMPEMENT DANS LA GRAN AVENIDA, APRÈS LE TREMBLEMENT DE TERRE D'AOUT 1906.
(Communiqué par la Société de Géographie de Paris.)

envoyé chez un de leurs correspondants, dans la ville de la Rioja, où le tremblement de terre fut véritablement terrifiant.

« Le sol commença à s'agiter à quatre heures trente de l'après-midi, les ondulations allaient avec une vitesse énorme; des gens qui n'avaient pas perdu leur sang-froid dirent qu'elles se dirigeaient du nord au sud; des chocs violents leur succédèrent, et ces convulsions étaient accompagnées de ce fracas horrible qui accompagne toujours les tremblements de terre, et auquel s'ajoutèrent celui des écroulements, les cris d'épouvante et de douleur, les hurlements et les mugissements d'animaux. Tout cela ne dura que vingt-sept secondes. On m'aurait dit deux heures que je n'en aurais pas été surpris. Presque toutes les maisons étaient détruites. Dans la campagne, le sol était crevassé, et il en sortait de l'eau et du sable. La ville de Saint-Jean souffrit également. Mes parents m'écrivirent qu'ils avaient été secoués aussi. Mais le Chili ne souffrit pas comme l'Argentine. »

Un correspondant du Muséum a assisté au désastre de San Salvador, causé par des séismes terribles qui eurent lieu les 8 et 9 septembre 1891. Cette petite république, située sur le Pacifique, est terriblement volcanique. La ville capitale a souvent été détruite, — trois fois dans le courant du xixe siècle.

« Les secousses, me dit M. Dumont, commencèrent le 8; mais celle qui causa presque tout le mal eut lieu le 9, à deux heures cinq du matin. Elle ne dura que vingt secondes; elle était oscillatoire et verticale. D'horribles détonations semblaient sortir du sol : c'était comme le bruit d'un feu soutenu d'artillerie. Presque toute la ville s'écroula, tuant et blessant un grand nombre d'habitants. Il y aurait eu plus de malheurs encore, si les avertissements de la veille n'avaient fait se méfier des maisons. Les désastres s'étendirent sur une zone de 110 kilomètres de rayon. Les secousses furent perçues fort loin; le Chili les ressentit.

Jusqu'à notre concierge Adolphe qui m'apporte sa petite contribution. Ayant fini par savoir — il sait tout ce que nous faisons — le nouvel objet de mes études, il me dit :

— Moi aussi, j'ai eu mon tremblement de terre et un fameux. En 1891, j'étais en Algérie, pour mon service militaire, dans un poste situé entre Gouraya et Villebourg, à une centaine de kilomètres d'Alger, tout près de la mer. On entendait, depuis une quinzaine de jours, des détonations qui venaient de l'Ouest, comme de gros coups de canon, bien qu'on ne tirât pas. Le 15 janvier, à quatre heures du matin, une épouvantable secousse réveilla tout le monde.... Nos baraquements n'eurent pas grand mal. On nous envoya, quelques-uns à Gouraya, d'autres à Villebourg. Une quantité de maisons étaient par terre, du moins d'après ce qu'on en pouvait voir aux étoiles. Une heure après, nouveau tremblement, et la mer, — à ce qu'on dit, car je ne le vis pas moi-même, — se retira en grosses vagues à trente mètres du rivage, puis elle revint prendre sa place, comme si rien ne s'était passé. Les secousses et les détonations durèrent plusieurs semaines, au grand désespoir de tout le monde. Il y a eu beaucoup de malheurs et de dégâts. En outre, il faisait très froid, de la neige durant des journées entières et de la pluie qui noyait tous les pauvres abris des réfugiés. Il y a des gens qui n'ont pas de chance, Monsieur.

VALPARAISO APRÈS LE TREMBLEMENT DE TERRE D'AOUT 1906.

(Communiqué par la Société de Géographie de Paris.)

Les Débats du 2 février 1909 ont publié des nouvelles de source indigène, provenant de Tétouan au Maroc. Le village de Ramara aurait été complètement détruit, ses habitants presque tous écrasés sous les ruines de leurs maisons et les éboulements des rochers. Les survivants racontent qu'ils furent réveillés par de grands bruits souterrains. Puis une très forte secousse ébranla la montagne aux flancs de laquelle le village était accroché. Ceux qui avaient échappé à la mort se jetèrent à genoux, en implorant le pardon d'Allah, dont les infidèles avaient excité le courroux.

Le 11 janvier 1909, tremblement « assez important » dans la Colombie anglaise.

Le 19 janvier, en Asie Mineure, à Phocée, 679 maisons, — sans doute des bicoques, — ont été détruites et quatre personnes ont été tuées.

« En 1905 déjà, dit mon père, nous avions été très émus par les souffrances de la Calabre. Je retrouve dans *la Nature* du 21 juillet 1906 quelques détails qui t'intéresseront. »

Je note donc que les trois provinces de Cosenza, Catanzaro et Reggio eurent à souffrir, mais les dégâts les plus grands furent dans la partie occidentale de Catanzaro, et dans la partie sud-ouest de la province de Cosenza. Un des arrondissements les plus frappés fut celui de Monteleone de Calabre, où l'on compta 446 morts, 1834 blessés et les malheurs auraient été plus grands encore si les habitants n'avaient été dehors, occupés aux travaux agricoles.

« J'ai causé aussi avec un Monsieur qui, en avril 1895, se trouvant à Laybach avait entendu le tonnerre souterrain annonçant la tempête séismique, puis avait subi deux énormes secousses qui avaient fait chanceler son massif château « comme un navire sur une mer houleuse », avaient crevassé les murs, bousculé et brisé des meubles. On se sauva dans le jardin et on y resta, car les secousses continuèrent, moins fortes, mais atteignant le chiffre de trente et une. Ce tremblement de terre fut ressenti dans l'Europe centrale.

« Un Roumain me dit que le 15 octobre 1891, à Bukarest, il fut réveillé sur les sept heures du matin, par un grondement sourd augmentant rapidement d'intensité pendant deux ou trois secondes. Puis, un choc violent jeta notre homme à bas de son lit. Pendant vingt-deux secondes, il y eut sans interruption des secousses ondulatoires.

. . . .

Hélas! pendant que je m'occupe au passé, la terre continue de s'agiter.

Durant quelques jours, nous fûmes dans l'angoisse, les séismographes de tous les observatoires du monde annonçant un formidable séisme, sans doute n'intéressant que des parties désertes. Et, en effet, on sut que le nord de la Perse avait été très ébranlé le 23 janvier. Mais les sinistres se rapprochent de nous.

A peine les journaux ont-ils cessé de s'occuper de Messine, que Lisbonne, si tristement célèbre par le séisme de 1755, auquel elle a donné son nom, se met à trembler ainsi qu'une partie du Portugal. Il y a des maisons ruinées; il y a des morts....

Édouard me communique la copie d'une lettre d'un éminent géologue du

VALPARAISO. — TREMBLEMENT DE TERRE D'AOUT 1906.
(*Communiqué par la Société de Géographie de Paris.*)

Portugal, M. Paul Choffat, écrite à un géologue français dont lui, Édouard, était l'élève.

Lisbonne, 2 mai 1909.

« Cher Monsieur,

« Je fais partie d'une commission pour l'étude du séisme du 23 janvier; mais pour le moment, je n'ai que des renseignements fort incomplets. Le séisme a été beaucoup plus grave qu'on ne l'a communiqué aux journaux étrangers, non pas à Lisbonne, mais à la campagne. Si le nombre des morts ne se monte qu'à une quarantaine, c'est uniquement dû à ce qu'il s'agissait de populations rurales et que les habitants étaient aux champs.

« Il y a une demi-douzaine de bourgs et de villages absolument inhabitables.

« Ce séisme est intéressant en ce qu'il n'est pas du même type que ceux que j'ai décrits il y a quelques années, malgré ce qu'en ont dit les journaux portugais, la région épicentrale est absolument déplacée.

« Je regrette de ne pas pouvoir vous en dire davantage pour le moment : je craindrais de me tromper, n'ayant pas encore fait la synthèse. »

J'ai trouvé intéressant de prendre copie de cette lettre, parce qu'elle venait de l'homme le plus compétent en la matière et parce qu'elle était un témoignage de l'extrême prudence du savant digne de ce nom. La signification précise du passage relatif au déplacement de la région épicentrale m'a échappé. Mais je me promets bien de m'éclairer là-dessus.

Les infortunes des Portugais émurent des cœurs généreux. Une femme illustre et charmante, Mme Juliette Adam, donna en son château, l'Abbaye de Gif, une fête de bienfaisance à cent francs le billet. Comme elle y faisait une conférence, on accourut en foule, et elle put envoyer une grosse somme à ceux qu'elle appelle nos frères latins.

. . . .

Probablement je trouverai encore à qui parler de ces phénomènes qui me semblent toujours aussi mystérieux, malgré la quantité de faits que j'ai déjà recueillis. Édouard me dit que ces renseignements me serviront plus tard, quand j'aurai quelques notions de Géologie, à me former une opinion sur les diverses théories auxquelles ont donné lieu les tremblements de terre.

« Que de choses — me dit mon ami, après avoir parcouru mes cahiers, — tu as pu remarquer déjà, et décrire : les bruits, les chocs, les différentes sortes de secousses, leur durée, le temps que la terre met à s'apaiser après ces ébranlements, la production de sources, de vapeurs, de fissures, de crevasses, de raz de marée, les modifications dans le paysage, par exemple au Japon, dans son célèbre volcan le Fouzi-Yama ; le retour du phénomène dans certaines localités ; les désastres au point de vue humain et la possibilité d'y remédier par un art spécial de bâtir ; les observatoires séismologiques et les appareils enregistreurs.... Oui, vraiment, dès maintenant, tu as assez de témoignages pour te mettre à faire un peu de science. »

— Plus tard, dis-je, ayant peur de l'effort que me coûterait, à ce que je croyais, une étude si différente de celles que j'avais faites jusqu'ici. Je tiens à voir d'abord ce que les historiens ont dit des tremblements de terre.

— Comme tu voudras. Il te faudra toujours bien finir par rechercher la cause. C'est un besoin auquel n'échappe nul esprit cultivé.

CHAPITRE VII

LA PROVENCE

Sommaire : Salon éprouvé. — La misère en Provence. — Secours militaires.
Ensevelissements de vivants.

Albert avait déjà poussé loin son étude des tremblements de terre, lorsqu'il rouvrit le cahier dans lequel il avait recueilli des renseignements de témoins oculaires. Les journaux sont les yeux et la parole du monde entier.

Le samedi 12 juin 1909, tous ceux du matin, à Paris, annoncèrent que la Provence avait tremblé, que Marseille et Aix étaient terrifiés; des fuyards, apportant des campagnes environnantes les plus sinistres nouvelles. On disait qu'il y avait des gens tués, peut-être une douzaine.... Mais, dans les histoires de tremblements de terre, les événements ne sont pas exagérés comme dans la plupart des autres récits. Le désastre est ordinairement plus grand qu'on ne l'avait cru d'abord. On sut bientôt que le chiffre des morts s'élevait à quarante, qu'il y avait beaucoup de blessés et des pertes considérables. Je rapporterai ici quelques passages du *Figaro* et tout d'abord l'itinéraire du sous-secrétaire d'État à l'intérieur, pour fixer au moins en partie la géographie du séisme.

Arrivé le matin, 14 juin, par le rapide, M. Maujan n'a fait qu'une courte halte à Marseille. Puis, accompagné du préfet et de MM. Peytral et Baron, il s'est mis en devoir de visiter les localités sinistrées.

A Salon, les dégâts sont considérables. La maison du Crédit lyonnais, place Eugène-Pelletan, immeuble tout neuf, a sa façade intacte, mais l'intérieur est lamentablement détérioré; tout est démoli, brisé. Il en est de même pour le Grand-Hôtel, place de l'Hôtel-de-Ville, dont l'apparence extérieure ne décèle rien d'extraordinaire et dont cependant la toiture est démolie; l'escalier y est presque impraticable et tous les appartements sont lézardés.

Bien que la catastrophe n'ait fait aucune victime, on signale, d'après le relevé fait aujourd'hui, que 2 140 maisons de Salon ont été ébranlées et devront être démolies.

A Saint-Cannat, le boulevard Arquier présente un aspect désolant avec les façades de ses maisons qui menacent de s'écrouler. D'autre part, dans certains quartiers, une odeur nauséabonde se dégage.

A Saint-Cannat, à Lambesc, à Rognes, au Puy-Sainte-Réparade et dans les campagnes environnantes, les populations sont toujours très affectées et montrent un vif émoi au moindre bruit. On n'a pourtant plus rien ressenti, mais on craint que les maisons lézardées ne s'écroulent, et les gens préfèrent vivre en plein air.

Cette nuit, tout le monde a couché sous des tentes ou des hangars. La plupart de ceux qui ont des parents ou des relations hors de la région sinistrée sont partis, ne voulant plus demeurer dans ce pays où ils ne se sentent pas en sécurité.

Des secours en argent sont déjà parvenus et des distributions ont été faites aux plus nécessiteux, car la misère est grande. On manque de tout, de vêtements, de linge, d'aliments même, malgré les vivres qui sont parvenus d'Aix et de Marseille. Le général commandant en chef le 15ᵉ corps d'armée a expédié ce matin à Aix, pour être distribués sur les lieux sinistrés, 250 couvertures de campement et 3 000 kilogrammes de pain. Tous les jours, jusqu'à contre-ordre, il sera également expédié la même quantité de pain.

A la dernière heure, on signale de plusieurs communes de l'arrondissement de Draguignan et des voisines de Vaucluse que de nouvelles secousses séismiques ont été ressenties la nuit dernière.

Au Puy-Sainte-Réparade de vieilles maisons se lézardèrent et les animaux domestiques témoignèrent une agitation anormale.

Albert prend aussi les correspondances qui donnent des détails. Il lui semble relire des épisodes de la catastrophe de Messine. Les noms supprimés, l'illusion serait complète.

A Rognes, l'aspect est sinistre; sur une hauteur, on aperçoit la partie haute du village complètement écroulée. D'énormes blocs de roches qui surplombaient le village se sont effondrés. Les vieilles bastides provençales n'ont pas résisté aux oscillations et le spectacle de ces ruines est lamentable.

Dans un informe amas de matériaux, les soldats recherchent les cadavres

PROVENCE. — UNE RUE DE SAINT-CANNAT.

dont quelques-uns étaient atrocement déchiquetés : il a fallu en rassembler péniblement les débris épars. Le garde champêtre se tient au milieu de la place générale et la surveille : dès qu'une victime est ramenée au jour, il en avise la population au son du tambour.

Une famille fut précipitée sous un fouillis inextricable de matériaux et de

PROVENCE. — VUE GÉNÉRALE DE VERNÈGUES.

meubles : la mère, enceinte, fut écrasée sur le coup avec son jeune fils; la fille aînée tenait sa mère par la tête et, durant dix-huit heures, la moitié du corps hors des décombres, elle attendit qu'on la délivrât. Quant au père, prisonnier également sous les ruines, il était devenu fou lorsqu'on le ramena au jour.

A Vanelles, trois secousses ont fait effondrer l'église; une femme de soixante ans est morte de frayeur. Une famille composée de quatre personnes a été anéantie, au hameau de Croane, sous l'immeuble qu'elle occupait.

PROVENCE. — LE CLOCHER DE L'ÉGLISE DE LAMBESC.

La misère est complète, et Marseille et Aix expédient à cette foule de paysans consternés des milliers de kilogrammes de pain, en attendant des

PROVENCE. — RUINES DU CHATEAU DE VERNÉGUES.

secours plus complets. Le tremblement de terre aura d'autre part pour résultat de diminuer la quantité d'eau d'alimentation que Marseille prend à la Durance, les secousses ayant détérioré le canal d'adduction des eaux.

Le tremblement de terre avait été ressenti bien au delà des environs de Marseille et d'Aix. Des télégrammes arrivés de Cannes, Nimes, Béziers, Montpellier, Grenoble, annonçaient plus ou moins d'accidents. A Toulon, les secousses séismiques faillirent être funestes aux vaisseaux échoués dans les bassins; les Toulonnais épeurés désertèrent leurs maisons. D'ailleurs, il y avait eu des écroulements et des morts dans les villages environnants. D'Avignon arrivaient aussi de mauvaisses nouvelles. Gap avait été fortement remué; Privas légèrement. Comme c'est l'ordinaire, la région très ébranlée éprouvait des récidives qui renouvelaient et aggravaient l'effroi. De tous côtés ce n'étaient que campements et misère. Il y avait des gens malades de peur, et qui en moururent, parce qu'ils étaient déjà atteints au cœur....

L'Italie n'a pas été indemne de ce tremblement, l'Espagne non plus, et il semble que le Portugal, mal raffermi, cherche un prétexte pour faire encore parler de lui.

Année 1909, année terrible!... En juillet, les séismes font de nouvelles ruines, de nouveaux morts, en Sicile et en Provence. Et comme si ce n'était pas assez des rigueurs du sort, des prophètes de malheur — faux prophètes s'il en fut — ajoutent à l'effroi des populations. Puis c'est la Perse.

PROVENCE. — VUE GÉNÉRALE DE ROGNES.

Une dépêche expédiée d'Athènes le 15 juillet annonce un violent tremblement de terre avec écroulement de villages, morts nombreux dans la province d'Elide. Le 31 juillet, puis le 11 août c'est le Mexique qui est agité à son tour; le 25 août c'est Sienne en Italie; le 27 septembre la Calabre et la Grèce sont secouées. Quand le présent volume aura paru d'autres trépidations se seront produites : il est impossible que jamais la statistique se trouve au courant.

SAINT-CANNAT. — INTÉRIEUR DE L'ÉGLISE.

DEUXIÈME PARTIE

L'HISTOIRE

Albert Durozier voulut faire pour le passé ce qu'il avait fait pour le présent. Il ne pouvait plus interroger que les livres; il en trouva qui le renseignèrent avec tant d'abondance qu'il ne savait d'abord auquel entendre, comme on dit vulgairement. Dans tous les temps, et dans tous les mondes — le Nouveau aussi bien que l'Ancien, — la Terre avait été secouée, et mille et mille récits restaient de catastrophes terrifiantes. Mais il apparaissait tout de suite qu'il y a des lieux d'élection pour le terrible phénomène très souvent lié à celui des volcans : le sud de l'Europe, le sud de l'Asie, les deux côtes du Pacifique.... Ce fut là que le jeune homme prit presque tous ses exemples, citant seulement pour mémoire les pays où les tremblements de terre n'occasionnent que peu de dégâts, n'y apparaissant, semble-t-il, que comme un memento, d'ailleurs fréquent.

CHAPITRE PREMIER

LES LIVRES SAINTS ET LES POÈTES

SOMMAIRE : Job. — Isaïe. — Les Évangélistes. — Homère. — Eschyle. — Euripide. Virgile. — Lucrèce.

Avant de chercher dans la Bible les passages relatifs aux tremblements de terre, j'aurais cru qu'elle en était remplie, les écrivains sacrés se complaisant aux images terribles : guerres, pestes, orages, tempêtes.

Eh bien! quoique le peuple de Dieu eût occupé une terre qui, par sa situation méditerranéenne, parût devoir être secouée et qui le fut, en effet, je ne récoltai que peu de mentions du phénomène. Édouard me dit qu'un savant séismologue voit dans le renversement des murailles de Jéricho devant l'armée de Josué, un effet de tremblement de terre, de même que la chute de pierres qui avait écrasé d'autres ennemis du conquérant peut être considérée comme une tombée de météorites, d'autant qu'elle fut accompagnée de phénomènes lumineux.... Cette explication me laisse un peu sceptique et je me contente de citer, en tête de mon travail historique, quelques passages significatifs prouvant que les Hébreux ont bien connu le phénomène :

Livre de Job, chapitre ix :

5. Il transporte les montagnes; et ceux qu'il renverse dans sa colère n'y font aucune attention.

6. Il fait trembler la terre et la remue de sa place, et ses colonnes sont ébranlées.

Psaume cvi :

17. La Terre s'ouvrit et engloutit Dathan, et couvrit la bande d'Abiram.

Psaume cxiv qui célèbre la fuite d'Égypte, le passage de la mer Rouge et du Jourdain :

1. Quand Israël sortit d'Égypte, et la maison de Jacob d'avec le peuple barbare,

3. La mer le vit, et s'enfuit, le Jourdain retourna en arrière.

4. Les montagnes sautèrent comme des moutons, et les coteaux comme des agneaux.

5. O mer! qu'avais-tu pour t'enfuir, et toi, Jourdain, pour retourner en arrière?

6. Montagnes, pourquoi avez-vous sauté comme des moutons, et vous, collines, comme des agneaux?

7. Terre, tremble pour la présence du Seigneur, pour la présence du Dieu de Jacob,

8. Lequel a changé le rocher en un étang d'eaux, et la pierre très dure en une source d'eaux.

Toutes les circonstances du tremblement de terre sont dans cette poésie qui célèbre le miracle de la délivrance d'Israël : les secousses, la retraite de la mer, la déviation d'un cours d'eau, le jaillissement de sources nouvelles, ce bondissement apparent des montagnes tant de fois constaté.

Je crois voir également la mention d'un tremblement de terre, sous le roi Osias, dans ce passage du prophète Isaïe, chapitre v :

25.... La colère de l'Éternel s'est embrasée contre son peuple; il a étendu la main sur lui, et il l'a frappé, et les montagnes en ont croulé, et les corps morts ont été mis en pièces au milieu des rues.

Évangile selon saint Mathieu, chapitre xxiv :

7.... Et il y aura des famines, des pestes et des tremblements de terre.

Chapitre xxvii, sur la mort de Jésus :

51.... Le voile du Temple se déchira en deux, depuis le haut jusqu'en bas, la terre trembla, des rochers se fendirent.

52. Des sépulcres s'ouvrirent....

Dans saint Marc et dans saint Luc, Jésus prophétise aussi des tremblements de terre.

Parmi les visions terribles de l'Apocalypse, le tremblement de terre ne joue qu'un petit rôle.

Chapitre viii :

5. Ensuite l'Ange prit l'encensoir et le remplit du feu de l'autel, et le jeta sur la terre; et il se forma des voix, des tonnerres, des éclairs et un tremblement de terre.

Homère ne fait point trembler la terre, lorsque Ulysse descend aux enfers. Mais il fait une belle et exacte description de l'écueil de Scylla, emporté, dit-on, par le dernier cataclysme, et dont le nom revient si souvent dans la liste des lieux éprouvés aujourd'hui par les séismes :

« De l'autre côté, sont deux écueils (Charybde et Scylla) : l'un (Scylla) touche au vaste ciel par sa cime pointue, et est enveloppé d'un sombre nuage qui jamais ne se dissipe; jamais la sérénité ne règne à son sommet, ni en été, ni en automne. Nul homme mortel ne saurait ni le monter ni le descendre, eût-il vingt bras et autant de pieds : car la pierre est lisse comme si elle avait été polie sur toutes ses faces. Au milieu de l'écueil est une caverne obscure, tournée vers le couchant[1].... »

Neptune est appelé par Homère le dieu qui ébranle la terre.

« Au sommet de la montagne, dit Eschyle, dans *Prométhée enchaîné*, Vulcain forge son fer brûlant. De là, un jour rouleront avec fracas des torrents de feu; et la flamme, de ses dents sauvages, dévorera les vastes plaines de la féconde Sicile. »

Et le tableau final de la tragédie est un tremblement de terre, avec l'orage souterrain si connu :

« La terre tremble; le bruit du tonnerre mugit dans ses flancs. »

Euripide, dans *Iphigénie en Tauride*, fait dire à la fille d'Agamemnon racontant un songe :

« Je dormais au milieu des jeunes filles, lorsqu'un tremblement ébranle la terre; je fuis, et dehors, debout, je vois le faîte du palais s'écrouler et toute la toiture renversée de fond en comble. »

Imitant bien des commentateurs qui tirent du texte de leur auteur des

---

1. *Odyssée*, chap. xiii.

merveilles que probablement il n'y a pas mises, je pourrais voir dans ce passage d'*Œdipe à Colone* : « Le Jupiter souterrain tonna, » l'indication du bruit séismique, d'autant que la mort mystérieuse d'Œdipe pourrait être son entrée chez Pluton par une crevasse de tremblement de terre.

Dans l'*Enéide*, quand Enée descend aux enfers « la terre mugit sous ses pieds, et les montagnes s'ébranlent » [1].

Mais le témoignage décisif est ce passage si beau et si célèbre du premier chant des *Géorgiques* :

« Quand César expira, le soleil, partageant la douleur de Rome, couvrit d'un nuage de sang son front lumineux, et menaça d'une nuit éternelle ce siècle parricide. Hélas! en ce temps déplorable, tout annonçait nos malheurs, et la terre, et la mer, et les sinistres hurlements des chiens, et les cris affreux des oiseaux funèbres. Combien de fois ne vîmes-nous pas l'Etna briser ses fournaises, s'élancer en tourbillonnant dans le champ des Cyclopes, rouler des tourbillons de flammes et vomir de ses entrailles des rochers fondus! La Germanie entendit de toutes parts un bruit d'armes retentir dans les airs, et les Alpes ressentirent des tremblements inconnus. »

Ce bruit d'armes se rapporte sans doute aux rumeurs constatées avant et pendant les tremblements de terre, du moins est-il permis de le supposer, puisque dans la seconde partie de la phrase il est question des tremblements des Alpes. Et quant à ces tremblements, pour que Virgile ajoute qu'ils sont « inconnus », il faut qu'il n'en ait pas fait lui-même l'expérience, et qu'autour de lui on en parlât sans précision. En ce temps-là, les renseignements étaient lents et, en cheminant, ils s'affaiblissaient ou s'exagéraient. L'Italie méridionale bougeait-elle, on faisait intervenir l'Etna, dont l'éruption ici est si bien décrite en peu de mots.

D'ailleurs, même chez les poètes de l'Antiquité, il y a eu des naturalistes qui ont bien observé le phénomène. Témoin cette description de Lucrèce :

« Les villes sont fort effrayées par une terreur incertaine : les hommes craignent d'en haut la chute des toits et, d'en bas, ils appréhendent que la Nature ne fasse ouvrir en un instant les profondes cavernes de la terre et qu'elle ne dilate une gueule béante, pour engloutir confusément les hommes avec les ruines des maisons. Davantage, quoiqu'ils estiment que le ciel et la terre soient incorruptibles, qu'ils doivent toujours durer : toutefois, le grand péril qu'ils ont incessamment sous les yeux, les incite même à craindre que la terre ne se dérobe sous leurs pas, pour tomber dans l'abîme avec toute la masse de l'univers qui ne ferait plus qu'une masse confuse [2]. »

---

1. Chant VI. — 2. *De la Nature des Choses.*

CHAPTIRE II

LES TREMBLEMENTS DE TERRE DE L'ANCIEN MONDE

I. — L'ITALIE

Sommaire : Les tremblements de terre dans l'*Histoire Naturelle* de Pline. — Sénèque et Pompéi. — Le P. Kircher. — Les séismes siciliens du xviie siècle. — Rome et Livourne. — Histoire de Regio, par Strabon. — Dolomieu et la Calabre. — Messine ruinée en 1783, visitée par Spallauzani. — Naples et les Champs phlégréens. — Ischia et Casamicciola.

L'Italie étant le pays d'Europe le plus éprouvé, je choisis chez elle d'abord le petit nombre de faits, puisés aux meilleures sources, qui me donneront une idée de sa séismologie antique.

Pline raconte que les tremblements de terre furent très fréquents durant la seconde guerre punique. Il y en eut alors 57 à Rome, dont l'un très violent pendant la célèbre bataille du lac Trasimène, mais que, dans l'ardeur de la lutte, ne sentirent ni les Romains ni les Carthaginois.

Pline dit encore que, sous le consulat de L. Marcius et de Sex. Julius (an de Rome 663), deux montagnes du territoire de Modène, s'avançant puis se reculant, se heurtèrent à grand fracas, avec une éruption de flamme et de fumée, tuant et ravageant tout dans leur choc. Un autre fait, non moins étrange mais plus croyable, — puisqu'on parle d'un exemple analogue, lors du grand séisme japonais que j'ai rapporté, — se passa sous Néron, durant la dernière année de son règne : des prés et des plantations d'oliviers, séparés les uns des autres par la voie publique, changèrent de position par rapport à cette voie et, partant, de propriétaire [1].

« Pompéi, cette ville célèbre de la Campanie,... vient d'être ruinée et ses environs fort maltraités par un tremblement de terre arrivé en hiver, c'est-à-dire dans une saison que nos ancêtres croyaient exempte de périls

---

1. Pline, *Histoire naturelle*, liv. II.

de cette nature. Ce fut aux nones de février, sous le consulat de Regulus et de Virginius, que la Campanie, qui n'avait jamais été sans alarmes, mais au moins sans atteinte jusqu'alors, et qui tant de fois en avait été quitte pour la peur, fut en grande partie ravagée par ces violentes secousses du globe. Une partie de la ville d'Herculanum fut détruite, et ce qui en reste n'est pas encore bien assuré. La colonie de Nucerie a été, sinon renversée, au moins endommagée. La ville de Naples a plutôt essuyé des pertes particulières que publiques et a été légèrement effleurée par ce redoutable fléau. Plusieurs maisons de campagne élevées sur la cime des montagnes ne ressentirent que des secousses sans effet. On ajoute qu'un troupeau de six cents moutons fut étouffé, que des statues ont été brisées, et qu'après cet événement funeste, on vit errer dans les campagnes des hommes privés de connaissance et de sens. »

Cet article de journal — je me trompe, cet extrait d'un chapitre des *Questions Naturelles* de Sénèque — raconte ainsi le tremblement de terre qui sévit dans le sud de la péninsule italique, l'an 63 de notre ère, précédant ainsi de 16 ans la destruction totale de Pompéi par le Vésuve, qui se réveillait d'un sommeil plus long que les temps historiques. Édouard prétend qu'un bas-relief que nous avons vu ensemble dans cette ville et dont, même, j'ai conservé une photographie, représente l'événement par des monuments en train de perdre l'équilibre.

Le moyen âge, d'ailleurs peu fertile en souvenirs séismologiques, m'éloignerait trop de ces grands anciens, si observateurs. J'arrive donc tout de suite aux temps modernes, au 27 mars 1638, date d'un terrible tremblement de terre en Calabre, dont le Père Kircher, dans son *Mundus subterraneus*[1], a donné une relation.

« Il y eut plusieurs secousses, qui se succédèrent nuit et jour, et chacune fut précédée d'un bruit terrible qui se faisait dans les entrailles de la terre. Ces bruits venaient de la direction de l'île de Stromboli. » Puis la terre se mit à trembler si fort que Kircher et les personnes qui l'entouraient, ne pouvant plus se soutenir, se jetèrent ventre à terre. S'étant relevés et ayant jeté les yeux du côté de Sainte-Euphémie, qu'ils venaient de voir devant eux à environ trois lieues, ils n'aperçurent plus rien qu'une grosse nuée noire, qui se dissipa bientôt : il n'y avait plus vestige de la ville.

Toujours dans le *Mundus subterraneus*[2], mais cette fois à Raguse, le 6 avril 1667 :

« Le Palais Ducal fut culbuté en un instant et le Prince enterré sous les

---

1. Liv. IV, sect. II, chap. x, t. I, p. 240. — 2. T. I, p. 242.

ruines. Les autres palais, les églises, les monastères et la plupart des maisons de la ville eurent le même sort, et de six mille habitants, il n'en échappa pas plus de six cents. La mer se retira quatre fois, et toutes les sources se desséchèrent en un instant, sans qu'il y restât une goutte d'eau. Ce fut un bien triste spectacle que de voir ce petit nombre de citoyens se désoler et courir par les rues en implorant la miséricorde de Dieu, pendant que d'autres volaient au secours de malheureux qui gémissaient sous les ruines. On en retira plusieurs qui étaient encore vivants, et l'on en trouva qui étaient restés enterrés trois, quatre, jusqu'à cinq jours, sans avoir eu

POMPÉI. — BAS-RELIEF ROMAIN REPRÉSENTANT LE TREMBLEMENT DE TERRE DE L'AN 63.

autre chose pour se soutenir que leur propre urine. Le tremblement de terre dura une semaine entière, mais les secousses diminuèrent chaque jour. Plusieurs villes de Dalmatie et d'Albanie furent endommagées par ce même accident. »

Le 5 juin 1688, vers quatre heures de l'après-midi, Naples fut au tiers ruiné, avec beaucoup d'églises endommagées. Plusieurs vaisseaux coulèrent à fond dans le port. Un témoin oculaire dit que les maisons penchèrent de côté et se remirent droites à plusieurs reprises. Les secousses étaient accompagnées d'un bruit souterrain beaucoup plus fort que celui du tonnerre. Les sources et les citernes rejetaient leurs eaux. Un orage terrible et une tempête qui sévit durant trois jours aggravèrent les maux. On ne voyait dans les rues que processions de pénitents pour implorer la miséricorde de Dieu. Il est à remarquer qu'il y eut cette même année une éruption considérable du Vésuve.

En janvier 1693, un tremblement de terre qui sévit en Sicile renversa à Messine vingt-quatre palais et jeta bas, ou ébranla, un grand nombre de maisons. Un voyageur anglais prétend que le clocher de la cathédrale qui était à l'est et séparé du corps de l'église fut tellement contourné par une secousse qu'il menaça de tomber toute une semaine, au bout de laquelle une autre secousse le redressa et le remit dans sa première position verticale.

Une éruption de l'Etna, d'où les flammes « sortaient à longs traits », aggravait la situation à Catane, où les secousses étaient si violentes qu'il était impossible aux habitants de se tenir sur leurs jambes, « et ceux qui s'étaient couchés à terre roulaient tantôt d'un côté, tantôt de l'autre. Les plus hauts murs quittaient leurs fondements et avançaient de plusieurs pas. La mer s'éleva subitement en faisant un grand bruit, et l'on entendit un coup aussi terrible que si toute l'artillerie du monde avait été déchargée à la fois : la mer se retira à deux milles de la ville. Les oiseaux volaient en tremblant (c'est le Père Antonio Serrovita qui parle) et les bestiaux couraient en mugissant dans les champs. » Le cheval de ce Père et celui de son compagnon s'arrêtèrent tout court en tremblant et il fallut mettre pied à terre; mais ils ne l'avaient pas sitôt touchée qu'ils furent enlevés à quelque distance de là, sans voir autre chose autour d'eux qu'une nuée épaisse de poussière. Les gens de la ville se retirèrent dans les églises, ce qui était une pratique dangereuse. On dit qu'il périt cette année-là plus de 75 000 personnes en Sicile[1].

En 1726, nouvelles secousses, qui, cette fois, se portèrent plus particulièrement sur le territoire de Palerme. C'était le 2 septembre, entre dix et onze heures du soir. Il y eut des oscillations, avec accalmies, pendant vingt-cinq minutes. Le quart de la ville fut ruiné. Une rue entière du quartier de Sainte-Claire s'ouvrit subitement avec un bruit effroyable et il en sortit du « soufre et des flammes ». Il y eut encore des milliers de morts.

Du mois d'octobre 1702 au mois de juillet 1703, toute l'Italie trembla. Les secousses les plus violentes eurent lieu le 2 février 1703, pendant une demi-minute à Rome, pendant trois heures à Aquila, capitale de l'Abruzze, où il y eut cinq mille morts. Les oscillations furent ordinairement du nord au sud, ainsi qu'on le remarqua au mouvement des lampes des églises. Il se fit des crevasses d'où s'échappèrent des pierres et des jets d'eau qui surpassaient en hauteur les grands arbres environnants. Une montagne dominant le bourg de Sigillo, à vingt-deux milles d'Aquila, « avait sur son sommet une plaine assez grande environnée de roches qui lui servaient comme de murailles. Depuis le tremblement du 2 février, il s'est fait, à la place de cette plaine, un gouffre, dont le plus grand diamètre est de 25 toises, et le moindre de 20 : on n'a pu en trouver le fond, quoiqu'on ait été jusqu'à 300 toises. Dans le temps que se fit cette ouverture, on en vit sortir des flammes, et ensuite une très grosse fumée, qui dura trois jours. L'eau soufrée, qui est dans le chemin de Rome

____

1. *Philosophical Transactions*, numéros 202 et 207.

VERSANT SEPTENTRIONAL DE L'ETNA. — LES *Frati pii*, FOYERS D'ÉRUPTION DE LA COULÉE DE 1614-1624.

(Communiqué par la Société de Géographie de Paris.)

à Tivoli, s'est diminuée de deux pieds et demi de hauteur, tant dans le bassin que dans le fossé. En plusieurs endroits de la plaine, appelée le Testine, il y avait des sources et des ruisseaux d'eau qui formaient des marais impraticables; tout s'est séché. L'eau du lac appelé l'Enfer a diminué aussi de trois pieds en hauteur : à la place des anciennes sources qui ont tari, il en est sorti de nouvelles, à environ une lieue des premières; en sorte qu'il y a apparence que ce sont les mêmes eaux qui ont changé de route[1]. »

A Gênes, à la suite de deux petites secousses, la mer s'abaissa dans le port de six pieds et les galères touchèrent le fond. Cette basse mer dura un quart d'heure.

Livourne fut fort éprouvée du 16 au 27 janvier 1742, par un grand nombre de secousses. Les *Transactions philosophiques* citent le récit d'un témoin oculaire qui entendit un bruit sourd, puis sentit osciller la maison dans laquelle il se trouvait : « Le bruit vint sur nous comme un grand vent, continue-t-il, et la maison balançait de l'est à l'ouest. Une demi-heure après il y eut une autre secousse, quoique un peu plus faible, et la terre continua de remuer pendant le reste de la journée. Plusieurs pêcheurs qui étaient alors en mer virent une petite partie de cet élément s'agiter avec une violence extraordinaire, et les flots s'élever à une hauteur prodigieuse en jetant une écume blanche et faisant un bruit épouvantable. Ils pensèrent y périr, quoiqu'ils ne fussent pas directement sur l'endroit agité qui ne les toucha que de côté. Ils s'imaginèrent qu'il devait y avoir quelque accident funeste sur la côte et, ayant toujours les yeux sur la partie enflée de la mer, ils observèrent qu'elle avançait vers Livourne où elle se brisa contre le vieux Fort.

« Mais le tremblement le plus considérable arriva le 27 du même mois vers une heure après midi. On commença par entendre un bruit effroyable, qui fut suivi de plusieurs secousses, et à la fin d'un coup d'une violence extrême, qui se termina par d'autres secousses plus violentes que les premières. On entendait un bruit souterrain si terrible, qu'il semblait que toute la terre fût brisée en morceaux. Les murs de la maison où j'étais manquaient de toutes parts, le mortier tombait comme de la pluie, et tout ce qui était dans les chambres fut renversé. Je gagnai promptement la rue et je fus surpris de ne pas trouver de maisons renversées. Cependant la ville y a considérablement souffert, et il n'y a eu aucun édifice, ni public, ni particulier, qui n'ait été plus ou moins endommagé. Ce qui me parut le plus surprenant, ce fut la quantité prodigieuse de crevasses qu'on voyait dans les murs de l'église collégiale qui sont d'une épaisseur extraordinaire. Avant les secousses du 19, les eaux s'enflèrent

____

1. *Histoire de l'Académie des Sciences*, année 1704.

de la hauteur d'une verge et se rabaissèrent à plusieurs reprises. On prétend que cette même nuit et la suivante on avait senti un goût fort de soufre dans les rues, et ce même goût se trouva aussi dans les eaux de certaines sources. »

Un pêcheur français, qui était dans sa chaloupe, déclara avoir été tantôt élevé à des hauteurs prodigieuses, tantôt rabaissé, à ce qu'il lui parut, jusqu'au fond de la mer. Une explosion horrible, semblable à un fort coup de canon, sembla mettre fin à toute cette agitation.

Rhegium [1] a eu pour fondateurs des Chalcidiens.... D'où lui vient ce nom de Rhegium? se demande Strabon [2]. « S'il faut en croire Eschyle, il rappellerait l'antique cataclysme survenu en ces contrées. Eschyle, en effet, et maint auteur comme lui, supposent qu'à la suite de forts tremblements de terre, la Sicile a été détachée, arrachée du continent, ἀπορραγεναι, « mot grec, ajoute le poète, dont on a fait Rhégium, le nom même de la ville ». Se fondant sur l'aspect et la nature des lieux, tant aux environs de l'Etna que dans telle autre partie de la Sicile, à Lipara et dans les lieux qui l'entourent, à Pithécuses enfin et sur toute la côte vis-à-vis, ces auteurs jugent par analogie que les choses ont dû se passer de même pour la formation du détroit. Aujourd'hui, à vrai dire, qu'on voit à la surface du sol tant d'orifices béants par où le feu intérieur fait éruption et rejette ces masses ignées et ces torrents d'eau chaude, on ne parle plus guère de tremblements de terre aux environs du détroit. Mais anciennement, lorsque toutes ces issues étaient encore obstruées, le feu et l'air comprimés dans les entrailles de la terre produisaient de violentes secousses; et l'on conçoit qu'ébranlées par ces secousses, en même temps qu'elles étaient battues par les vents, les terres aient fini un jour par céder et qu'elles aient, en se déchirant, livré passage aux deux mers : à la mer de Sicile d'une part, à la mer Tyrrhénienne de l'autre.... Est-ce là pourtant ce qui a fait donner à la ville en question le nom de Rhegium? ou le doit-elle à sa propre illustration? »

Tel est le préambule que je donne à la description de la catastrophe qui frappa la Calabre en 1783, catastrophe célèbre et qui fut, comme je l'ai dit plus haut, admirablement étudiée par le géologue français Dolomieu, dont je vais d'ailleurs suivre pas à pas le remarquable récit.

La Calabre est d'une fertilité merveilleuse, surtout dans la partie dite la Plaine. Des oliviers énormes s'élèvent dans les champs, sans nuire aux céréales dont ceux-ci sont ensemencés. Les vignes chargent de leurs pampres, de leurs fruits, des arbres de toutes espèces, sans les empêcher d'être eux-mêmes très productifs. Par places, on dirait des forêts d'arbres fruitiers. Près

1. Reggio de Calabre. — 2. *Géographie*, V.

de Terra Nova, les oliviers sont véritablement gigantesques. Plantés en quinconces, ils forment des bois aussi sombres, aussi touffus que les forêts de chênes. Pour la récolte, on bat et on nettoie le terrain autour de chaque arbre et, sur cette aire, on fait tomber les olives dont l'abondance est telle qu'on les ramasse avec des balais. Quoique les Calabrais soient laborieux, il faut que les Italiens du Nord et des Siciliens viennent les aider à recueillir leurs richesses. L'huile est l'objet d'un grand commerce d'exportation. Reggio, dont les riches campagnes s'étendent jusqu'au cap Spartivento, et dans une position délicieuse, entourée de montagnes couvertes de lauriers-roses avec des vallons arrosés d'eaux vives. Les orangers, les cédrats, les citronniers, les bergamotes forment des bouquets embaumés dans lesquels la promenade est charmante et qui sont très productifs. La petite ville de Parghelia est très industrieuse et adonnée « au commerce étranger ». Dolomieu fait une jolie peinture de l'endroit et de ses habitants qui partent au printemps « et se répandent en Lombardie, en France, en Espagne, en Allemagne. Ils y trafiquent, non du produit de leurs terres qui fournissent peu d'objets d'exportation, mais des marchandises d'un transport facile, telles que des essences, des soies, des couvertures de coton. Le village est désert pendant l'été. Les femmes et les vieillards font la récolte, et pendant l'automne les hommes reviennent déposer chez eux le produit de leur industrie et ensemencer leurs terres. Presque tous parlent français; leurs manières sont moins dures, leurs mœurs moins sauvages que celles de leurs voisins. Ils jouissent des petites aisances de la vie inconnues à leurs compatriotes.... La beauté des femmes de ce village est citée dans tous les environs.... »

Ces beaux lieux payent leur bonheur par d'effroyables catastrophes. Avant celle du 28 décembre 1908, le séisme du 5 février 1783 fut le plus violent de tous ceux que, de mémoire d'homme, subit l'Italie. Dolomieu, qui parcourut toute la région du sinistre, y subit de violentes secousses, car le sol continua d'être agité jusqu'au printemps de 1784.

« J'ai logé, dit-il, à Terra Nova dans la baraque des Célestins, dont un seul a échappé.... J'avais vu la veille combien le terrain était peu solide; j'avais la tête pleine de tout ce que j'avais observé; mon imagination me peignait les malheurs de cette ville, au moment de la secousse, lorsque je sentis mon lit agité par un tremblement de terre assez fort. Je me levai précipitamment et avec inquiétude ; mais lorsque je vis que tout le monde était dans le silence, je jugeai que cette secousse, quoique assez forte, n'était comparable en rien à celles qui avaient ébranlé la Calabre en d'autres circonstances puisqu'elle n'occasionnait pas la moindre crainte à ceux qui logeaient dans la même baraque. Je me remis sur mon lit, et on peut croire que je n'y dormis pas le reste de la nuit. »

« Jusqu'au mois d'août, il n'y eut pour ainsi dire pas d'interruption dans les secousses. La première, celle du 5 février, se produisit à midi et demi, sans autre avertissement qu'un bruit sourd qui ne fut pas entendu de tout le monde. Elle dura deux minutes, et il y eut, du coup, vingt mille victimes sous les ruines. On éprouva en même temps des soubresauts, des ondulations, dans tous les sens, des balancements, des tourbillonnements. Aucune construction ne put résister à la violence et à la complication de ces mouvements. Les fondements parurent être vomis de la terre qui les renfermait. Les pierres furent broyées et triturées avec violence les unes contre les autres, et le mortier qui les réunissait fut réduit en poudre. » Ce fut comme l'effet d'une explosion de mine.

Le centre du séisme paraît avoir été les territoires d'Opido, de Terra Nova et de Santa Cristina : c'est là que les secousses furent le plus terribles et la destruction la plus complète.

La petite ville de Terra Nova est située sur un plateau entouré de trois côtés par des gorges profondes; elle jouissait d'un air pur, d'une belle vue, d'eaux excellentes. Le 5 février, une partie du sol s'éboula entraînant avec lui un grand nombre de maisons. Ailleurs, une partie de la montagne se fendit dans toute sa hauteur, une portion s'en détacha et toutes les maisons qui étaient immédiatement au-dessus de celle-ci furent précipitées dans le vide, à 300 pieds de profondeur. Tous les habitants ne périrent pas, les matériaux, plus denses que les hommes, arrivant les premiers au fond du précipice. « Quelques-uns tombèrent droit sur leurs pieds, et marchèrent dans l'instant et solidement sur ces débris. Quelques autres furent enterrés jusqu'aux cuisses ou à la poitrine, et se dégagèrent ensuite avec peu de secours. »

Évidemment, il y a eu pour ces sauvetages des circonstances que le géologue ne nous dit pas, car on se figure mal cette chute de cent mètres sans dommage, ne fût-ce que pour un petit nombre de ceux qui la firent.

Avant le 7 février, la population de Terra Nova était de 2 000 âmes. Elle fut réduite à moins de 400. Un peu plus de 1 400 habitants furent écrasés sous les ruines, les autres périrent de misère et de fièvres putrides. Dolomieu constate l'odeur insoutenable qui s'exhalait des décombres, lors de son passage, le 24 février 1784.

Dolomieu ajoute : « Jamais il n'y a eu destruction avec des circonstances plus singulières et plus variées. La face du sol a absolument changé, et il est impossible de deviner, par les débris qui existent, ce qu'était anciennement cette ville. Ce qui était haut a été abaissé, ce qui était bas paraît s'être élevé, à raison de l'affaissement de ce qui l'environnait. Car il n'y a pas eu de soulèvement réel, comme quelques-uns l'ont prétendu. Un puits revêtu en pierres maçonnées, dans le couvent des Augustins, paraît être sorti de terre, et ressemble maintenant à une petite tour de huit à neuf pieds de hauteur. »

De Polistena, belle ville riche, bâtie sur deux coteaux sablonneux entre lesquels coulait une rivière encaissée, il ne resta pas une maison, pas un pan de mur debout. Plusieurs édifices s'écroulèrent dans le fleuve dont les bords s'éboulèrent. Les murs épais du couvent des Dominicains y tombèrent par gros blocs. La petite ville de Saint-Georges, située à une lieue et demie de Polistena, ne souffrit pas des secousses du 5 février et fut très éprouvée le 17 février et le 28 mars.

Opido, ville épiscopale, a été complètement rasée. Une portion de l'extrémité du plateau s'est écroulée avec deux bastions de la citadelle. L'incendie, qui se déclara dans les ruines, empêcha de porter le moindre secours. Presque tous ceux qui auraient échappé aux ruines furent brûlés vifs. Vingt religieuses de Sainte-Claire furent trouvées calcinées sous les débris de leur couvent.

Santa Cristina, située presque au pied de la montagne d'Asprodonte sur une croupe sablonneuse, escarpée, environnée de gorges, a eu une partie de ses maisons et de son sol précipitée dans la plaine. Un grand nombre de fentes et de crevasses ont traversé le coteau dans toute son épaisseur, de manière à faire craindre que le reste ne s'abîmât.

A Scilla, une portion considérable de la montagne tomba dans la mer. Douze cents personnes, qui s'étaient réfugiées sur le rivage après les premières secousses, furent noyées par la vague que causa cette énorme chute.

Le 7 février, il y eut recrudescence dans le séisme, qui se fit principalement sentir à Messine et à Soriano, villes situées à une grande distance l'une de l'autre ; dans tout le pays intermédiaire, il y eut beaucoup de bruit souterrain, mais des secousses modérées. De nouveaux villages furent jetés à bas. « Miletto s'éboula en plusieurs endroits et eut l'air de couler à la manière des laves. »

Messine fut la seule ville de Sicile qui souffrit sérieusement. Dolomieu visitant ses ruines la montre telle qu'elle doit être à présent, pas si misérable cependant, car il n'y eut pas alors un anéantissement aussi formidable.

« Ce sont moins les ruines qui m'ont frappé, dit-il, que la solitude et le silence qui règnent dans ses murs. On est pénétré d'une terreur mélancolique, d'une tristesse sombre, lorsqu'on parcourt tous ses quartiers, sans rencontrer être vivant, sans qu'aucune voix vienne frapper vos oreilles, sans entendre autre bruit que le balancement de quelques portes et fenêtres attachées à des pans de murs élevés et agitées par les vents. L'âme est alors plutôt accablée sous le poids de ce qu'elle éprouve qu'effrayée ; la catastrophe paraît avoir frappé directement sur l'espèce humaine.... »

Comme aujourd'hui, le reste de la population s'était réfugié dans les baraques de bois groupées autour de la ville.

Vue de loin, Messine présentait encore, à cause de beaucoup de façades restées debout, « une image imparfaite de son ancienne splendeur ».

Reggio souffrit aussi beaucoup le 7 février.

Le désastre fut accru, la désolation portée à son comble par le tremblement

MESSINE. — CAMPEMENT DE SINISTRÉS.

du 28 mars. Il fut annoncé par le tonnerre souterrain qui se renouvela à chaque choc. Les mouvements furent très compliqués ; les uns agirent de haut en bas, ou par soubresauts, les autres sous la forme de violentes ondulations. Le centre du séisme avait encore changé, et paraissait plus au nord, sous les montagnes, entre le golfe de Sainte-Euphémie et celui de Spuilace. La propagation du mouvement s'étendit plus loin que précédemment, dans toutes les provinces du royaume de Naples.

Ainsi que je l'ai déjà noté, le célèbre Spallanzani a aussi visité Messine après le désastre. Il recueillit un grand nombre de témoignages, et nous raconte comment les Messinois virent venir le fléau qui eut, en effet, son point de départ en Calabre :

« Un bruit semblable à celui de plusieurs chars roulant avec rapidité sur un pont de pierres en fut l'annonce. Au même instant, un épais nuage s'éleva de la Calabre, centre de la commotion. Elle gagna le Phare, et suivit la plage jusqu'à Messine ; on pouvait observer sa direction au moyen de l'écroulement successif des édifices. On eût dit d'une mine qui aurait joué depuis cette pointe de terre jusque dans l'intérieur de la ville. Le choc fut violent et le mouvement très irrégulier. Le sol de la plage s'entr'ouvrit par fentes parallèles entre elles ; celles qui se formèrent dans toutes les collines qui terminent la ville avaient les mêmes dispositions. Ces fentes se conservèrent en quelques endroits pendant plus d'un mois ; mais l'épouvante des habitants leur ôta la curiosité de les mesurer. Après la première secousse, qui arriva, comme nous l'avons dit, le 5 février vers le milieu du jour, la terre continua de trembler jusqu'à la huitième heure de la nuit, qu'une commotion plus violente, la même qui causa la ruine des habitants de Scylla, acheva de renverser les maisons de Messine ; d'autres commotions se succédèrent, et le 7 du même mois, vers la vingt-deuxième heure du jour, il s'en fit une qui égalisa leurs débris avec le sol[1]. »

Avec Ischia je me retrouve pour ainsi dire au moment actuel, car la dernière catastrophe dont cette île fut victime ne date que de vingt-six ans.

Située dans la baie de Naples et se rattachant aux Champs Phlégréens par l'îlot de Procida, longue de 8 kilomètres, large de moins de 5 kilomètres, d'une circonférence au niveau de l'eau de 80 kilomètres, Ischia est en somme un volcan dont le sommet est le mont Epomeo, d'une altitude de 792 mètres, avec des fossiles jusqu'à une hauteur de près de 500 mètres. Ischia est un séjour enchanteur, mais on ne peut plus dangereux.

De tout temps, les riches étrangers y ont mené joyeuse vie, en sorte que la locution « danser sur un volcan », aurait pu être inventée pour elle.

Demandons son histoire ancienne à Strabon.

« Juste en face du promontoire de Misène s'étend l'île de Prochyté[2], qui n'est à proprement parler qu'un fragment détaché de l'île de Pithécusses (Ischia). Celle-ci fut colonisée anciennement par les Erétriens et les Chalcidéens ; mais cette première colonie, malgré les avantages qu'elle retirait d'un sol aussi fertile et de mines d'or aussi riches, ne put se maintenir dans l'île, — une partie ayant été chassée par des discordes civiles, et le reste par des tremblements de terre et des éruptions de feu, d'eau salée et d'eau bouillante.

« L'île de Pithécusses est, en effet, sujette à ces sortes d'éruptions, tellement même qu'une seconde colonie envoyée de Syracuse par le tyran Hiéron dut encore pour ce motif, non seulement abandonner la ville qu'elle s'était bâtie dans l'île, mais évacuer entièrement cette dernière, ce qui n'empêcha pas, disons-le, les Néapolites d'y passer à leur tour et d'en prendre définitivement

---

1. Spallanzani, *Voyage dans les Deux-Siciles.* — 2. Procida.

possession. La fable qui nous montre Typhon couché sous l'île de Pithécusses et faisant, à chaque mouvement de son corps pour se retourner, jaillir des colonnes de feu et d'eau et jusqu'à des petites îles où l'on voit bouillir soi-disant l'eau des sources, cette fable ne parait pas avoir d'autre origine. Elle se retrouve chez Pindare, mais présentée alors sous un jour plus vraisemblable, parce que le poète part de données exactes sur le phénomène lui même. »

Et Strabon se met à expliquer la légende à peu près comme le ferait un moderne :

« Pindare savait apparemment que les profondeurs de la mer, dans tout l'intervalle qui sépare la côte de Cumes des rivages de la Sicile, recèlent des foyers volcaniques en communication les uns avec les autres (ce qui explique, pour le dire en passant, tout ce qui a été publié sur la nature des éruptions de l'Etna, et comme il se fait qu'on ait observé des phénomènes analogues tant aux îles Lipariennes qu'aux environs de Dicéarchie, de Neapolis, de Baïes et dans l'île de Pithécusses), et, pour rappeler cet état de choses, il aura supposé que le corps du géant occupait au fond de l'abîme tout l'espace compris entre Cumes et la Sicile.

« Maintenant, dit-il, un poids énorme, la Sicile tout entière et ce rempart « de rochers qui borde la mer au-dessus de Cumes, oppresse sa poitrine « velue. »

« Timée, lui, est persuadé que les anciens ont singulièrement exagéré les faits en ce qui concerne Pithécusses ; toutefois lui-même nous raconte que peu de temps avant sa naissance, l'Epomeus, colline située alors juste au centre de l'île, vomit du feu, à la suite de violentes secousses de tremblement de terre, et poussa jusque dans la mer tout le terrain qui la séparait du rivage ; qu'une partie des terres convertie en un monceau de cendres fut soulevée en l'air puis retomba sur l'île en forme de *typhon* ou de tourbillon, ce qui fit reculer la mer de trois stades ; mais qu'après s'être ainsi retirée, la mer ne tarda pas à revenir, et que, dans ce retour subit, elle inonda l'île entière et éteignit le volcan, le tout, avec un tel fracas que, sur le continent, les populations épouvantées s'enfuirent depuis la côte jusqu'au fond de la Campanie. Les eaux chaudes de Pithécusses passent pour guérir de la pierre [1]. »

Les éruptions de l'Epomeo semblent d'ailleurs ne se produire qu'à de longs intervalles. Les colonies finirent par y durer, et l'île devint même un séjour de plaisance pour les Romains. Une riche végétation la pare de forêts jusqu'aux bords mêmes du cratère. Mais, à l'aurore du XIVe siècle, de

---

1. *Géographie.*

violents tremblements de terre commencèrent à répandre la terreur et l'effroi dans l'île jusqu'alors heureuse. C'était le prélude d'une éruption au cours de laquelle un courant de lave jaillit des flancs de l'Epomeo, non loin de la ville d'Ischia, dont un grand nombre de villas et d'édifices furent renversés et engloutis avec leurs habitants.

L'Epomeo reprit sa tranquillité et la ville sa prospérité, accrue par l'excellence de ses sources thermales d'une température de 60 degrés, attirant chaque année un grand nombre de baigneurs, surtout à Casamicciola, à Castiglione et à San Lorenzo.

Grande prospérité, mais tranquillité relative, car les tremblements de terre ne laissaient pas que de rappeler trop fréquemment à l'homme la fragilité du sol et la violence des forces souterraines. L'histoire a renoncé à les enregistrer tous ; mais elle a conservé les dates des 28 juillet 1762, 28 mars 1706, 26 juillet 1805, 15 septembre 1812, 2 février 1828 (secousses très limitées, fortes à Fango, presque inaperçues dans la ville d'Ischia), 30 janvier 1863, 15 août 1867, juillet 1880, avec perturbations dans les sources thermales, 4 mars 1881, avec des secousses très violentes à Casamicciola, des ruines, des morts et un grand nombre de blessés, et enfin celui dont le souvenir est resté intense encore de nos jours, car l'émotion fut grande en Italie et à Paris même, dont tant d'habitants connaissent la baie de Naples et ses îles.

La catastrophe eut lieu le 28 juillet 1883, à neuf heures vingt-cinq du soir. La première secousse, d'une violence extrême, fut comparée à celle d'une explosion gigantesque. L'un des sinistrés a raconté que la ville tout entière de Casamicciola sautait en l'air comme le bouchon d'une bouteille de champagne. Après ce mouvement violent de bas en haut, un mouvement ondulatoire se produisit. Certaines personnes remarquèrent surtout les trépidations verticales et d'autres les mouvements ondulatoires. On vit dans une chambre tous les meubles lancés en l'air verticalement, puis retombant sur place, sans se renverser. M. Fouqué cite [1] le récit du professeur Palma, qui resta plus de douze heures enseveli sous les ruines et qui ne perçut pas la secousse verticale :

« J'étais occupé dans ma chambre à ranger ma malle et à compléter mes préparatifs de départ pour le lendemain, lorsque je me suis senti violemment secoué. J'ai levé immédiatement les yeux et aperçu sur ma table ma bougie qui oscillait rapidement en s'écartant d'une trentaine de degrés de la verticale. A peine avait-elle effectué deux ou trois oscillations qu'elle se renverse et s'éteint. Je me trouve dans l'obscurité et en même temps, de toutes parts,

---

1. *Les Tremblements de terre*, 1 vol. in-18, Paris.

recouvert des débris du plafond. La maison s'écroule, et les ruines en tombant produisent un horrible fracas qui se joint au bruit dont la secousse est accompagnée. »

D'après M. Palma, ce bruit était celui d'un ouragan dans une forêt. Il ne précéda pas la secousse, mais il l'accompagna. D'ailleurs, les impressions différèrent, d'après les points où elles furent ressenties. Un habitant de Forio

CÔTE OCCIDENTALE DE LIPARI.
TOURELLE NATURELLE DEL PALMATO, MESURANT PLUS DE 20 MÈTRES DE HAUTEUR.
(Communiqué par la Société de Géographie de Paris.)

a raconté qu'il se trouvait dans la rue, lorsqu'il entendit un bruit strident, puis le fracas d'un mur qui s'écroulait devant lui et des cris de terreur. Or, il n'était averti du phénomène que par ce bruit et les ruines. Il avait à peine pris garde à la secousse, qui pour lui, par conséquent, avait été excessivement légère.

A Fiajano, on remarqua que la moitié du contenu d'un vase plein d'huile, placé sur un coffre, fut lancée à plus d'un mètre de distance, sans que le vase fût déplacé. D'après la direction prise sur les objets projetés, on pensa que les secousses avaient eu la direction E. 20° S.

A Pouzzoles, et même à Procida, c'est-à-dire sur les points les plus rapprochés d'Ischia, les secousses furent à peine ressenties. Et il en est ainsi habituellement : les séismes de l'île n'influent pas plus le continent que les séismes du continent, de Naples par exemple, ne la touchent. Plusieurs tremblements qui couvrirent Naples et les environs de ruines n'ont causé aucun dommage à Ischia.

Ce fut près de Casamenclla que le séisme eut son maximum d'intensité, et Casamicciola, surtout dans sa partie occidentale, ne fut plus qu'un monceau de ruines. La partie haute de Forio et la partie haute de Lacco furent également détruites. Quoique les secousses y eussent été violentes, la ville d'Ischia souffrit peu. Sur la population de 14 000 habitants que compte l'île, il y eut 2 313 morts et 800 blessés.

Des éboulements considérables se produisirent sur les flancs de l'Epomeo. On constata l'augmentation dans le nombre des fumerolles, car il en sortit par les fentes nouvelles du sol; leur teneur en acide sulfurique se trouva plus forte.

L'île est couverte de vignobles étagés sur les flancs de la montagne. Les murs de soutènement furent lézardés et renversés. Des pluies torrentielles survenant entraînèrent les terres, et en divers endroits les communications furent coupées. Le désastre des vignes augmenta la misère. Plus de 9 500 personnes, c'est-à-dire presque tous les survivants, trouvèrent un abri temporaire dans les 700 baraques, couvertes de fer ondulé, que le gouvernement fit construire, en attendant l'édification de demeures... que l'on veut espérer définitives.

II. — LA GRÈCE

Sommaire : La Grèce séismique d'après Strabon. — Eratosthène et la statue submergée de Neptune. — L'oracle de Delphes et les tremblements de terre. — Histoire d'un *pornoboscue* englouti. — Les champs de roses de Chio devenus charniers.

« Ils atteignirent tous deux les limpides fontaines d'où s'échappe par une double source l'impétueux Scamandre : des deux sources, l'une est chaude, l'autre jaillit en été aussi froide que la grêle. »

C'est Strabon qui cite ces vers du XXIIe chant de l'*Iliade*, à propos des « terribles tremblements de terre ressentis anciennement en Lydie, en Ionie et jusqu'en Troade, lesquels engloutirent des villages entiers, bouleversèrent le mont Sipyle (c'était du temps du roi Tantale), convertirent de simples marécages en lacs et submergèrent Troie sous les eaux de la mer ». Par une cause analogue, continue-t-il, « l'île de Pharos, le Pharos d'Égypte, située naguère en pleine mer, n'est plus aujourd'hui, à proprement parler, qu'une presqu'île, et Tyr et Clazomènes pareillement. Nous-mêmes, ajoute-t-il enfin, lors de notre voyage à Alexandrie, en Égypte, nous avons vu la mer, aux environs de Péluse et du mont Casius, se soulever tout à coup, inonder ses rivages et faire de la montagne une île, si bien qu'on allait en bateau sur la route qui passe au pied du Casius et mène en Phénicie. Il n'y aurait donc rien d'étonnant qu'un jour l'isthme qui sépare la mer d'Égypte de la mer Erythrée, vînt, en se rompant ou en s'affaissant, à se changer en détroit et à mettre ainsi en communication directe les deux mers intérieure et extérieure, comme il est arrivé pour le détroit des colonnes d'Hercule [1]. »

D'après le même auteur, le lac Copaïs aurait englouti Arné et Midée, deux villes qu'Homère a nommées dans son dénombrement des vaisseaux [2]:

« Et ceux qui habitaient Arné aux riches vignobles et ceux qui occupaient Midée. »

Strabon raconte aussi que, d'après Démétrius de Callatis, « une portion notable des iles Lichades et du Cenæum fut engloutie, et que les sources chaudes d'Ædepse et des Thermopyles, après s'être arrêtées trois jours durant, recommencèrent à couler, mais que celles d'Ædepse, dans l'intervalle, avaient changé d'ouvertures ou d'issues; qu'à Échinos, à Phalares, à Héraclée de Trachis, il y eut aussi un nombre considérable de maisons renversées; que Phalares même fut en quelque sorte rasée tout entière jusqu'au niveau du sol; qu'un même désastre eut lieu à Lamia et à Larisse; que Scarphée se vit arrachée de ses fondements et n'eut pas moins de 1700 de ses habitants noyés; qu'à Thronium il périt aussi moitié et plus de ce nombre : les flots débordés s'étaient partagés en trois torrents, dont l'un s'était porté sur Scarphée et sur Tronium, l'autre vers les Thermopyles, et le troisième à travers la plaine jusqu'à Daphnus en Phocide; puis les sources des fleuves avaient tari pendant quelques jours, le Sperchius avait changé de cours, transformant les routes en canaux navigables; le Boagrius avait quitté son ancien lit et envahi une autre vallée; Alopé, Cynus, Opus avaient eu plusieurs de leurs quartiers gravement endommagés; la citadelle d'Œum, qui domine cette dernière ville, s'était écroulée, ainsi qu'une partie de l'enceinte d'Élatée; de plus, à Alpône, en pleine célébration des Thesmophories, vingt-cinq jeunes filles, qui étaient montées en haut d'une des tours du port pour mieux jouir du coup d'œil, avaient été entraînées dans la ruine de l'édifice et précipitées à la mer. Enfin, l'on rapporte que l'île d'Atalante, près de l'Eubée, s'ouvrit

---

1. *Géographie*, liv. I. — 2. *Iliade*, chant II.

juste par le milieu et livra passage aux vaisseaux, qu'en certains endroits
l'inondation y couvrit la plaine jusqu'à une distance de vingt stades, et
qu'une trirème y fut enlevée du chantier où elle était et lancée par-dessus le
rempart[1]. »

Sur la côte de l'Euxin, en Thrace, non loin de la Bouche sacrée de l'Ister,
se trouve l'emplacement, entre Gallatis et Apollonie, de Bizone qui, au dire
de Strabon, fut engloutie en grande partie à la suite de tremblements de
terre. Dans le Péloponèse, en Achaïe, cet illustre ancien signale aussi comme
ayant été engloutie par la mer, soulevée à la suite d'un tremblement de terre,
Hélicé et avec elle le temple de Neptune Héliconien.

« La submersion d'Hélicé eut lieu deux ans avant la bataille de Leuctres.
Erathostène dit avoir vu de ses yeux le lieu de la catastrophe et avoir entendu
dire aux marins qui font la traversée du golfe qu'on apercevait encore,
debout au fond de l'eau, la statue en bronze de Neptune et que l'hippocampe
que le dieu tenait dans sa main formait un écueil dangereux pour le filet des
pêcheurs[2]. Héraclide en parle aussi comme d'un événement arrivé de son
temps. « C'était pendant la nuit, dit-il, et bien que la ville fût séparée de la mer
par une distance de 12 stades, tout cet espace intermédiaire et la ville elle-
même furent submergés. Deux mille Achéens furent envoyés pour recueillir
les corps des victimes, sans pouvoir suffire à cette tâche. Il ne resta qu'une
partie du territoire d'Hélicé qui fut divisé entre les villes voisines[3]. »

Une autre ville d'Achaïe, Bura, qui se trouvait à 40 stades de la mer, périt
aussi dans un tremblement de terre.

D'un passage d'Homère[4] : « Ni tout ce que renferme dans la rocheuse
Pytho, à l'abri de son seuil de marbre, le sanctuaire du divin archer, le temple
de Phébus Apollon », on avait conclu que des trésors étaient enfouis sous le
pavé du temple de Delphes. « Onomachus, qui le savait, dit Strabon[5], rappor-
tant le fait sans le garantir, entreprit de les déterrer et fit commencer des
fouilles durant dans la nuit; mais de violentes secousses de tremblements de
terre survenues tout à coup mirent les travailleurs en fuite et interrompirent
les fouilles que personne, dans la suite, n'eut le courage de reprendre[6]. »

« Il n'y a point, dit Strabon, de ville plus sujette aux tremblements de
terre que Laodicée, si ce n'est Carura, dans le canton voisin de celui de
Laodicée. Carura, qui marque la limite entre la Phrygie et la Carie, est un
gros bourg dans lequel abondent les hôtelleries et qui possède des sources
thermales jaillissantes, situées, les unes dans le lit du Méandre, et les autres

1. *Géographie*, I. — 2. Exactement la même légende qui fut redite à la Jamaïque avec les tours
et la cathédrale de Port-Royal. — 3. *Géographie*, VII. — 4. *Iliade*, IX. — 5. *Géographie*, IX. —
6. A rapprocher de l'*Histoire du temple de Jérusalem*, citée plus bas.

au-dessus de ses rives.... On raconte qu'un *pornobosque* ou marchand de femmes esclaves, qui logeait en passant dans l'une des hôtelleries de Carura avec tout un troupeau de femmes, y fut surpris la nuit par un effroyable tremblement de terre et englouti vivant, lui et toutes ses esclaves [1]. »

La Grèce ancienne l'emporte tant, au point de vue historique, sur la Grèce des Turcs et sur celle d'aujourd'hui, — qui a l'avenir pour elle, — que ces extraits me suffisent, d'autant que j'ai noté un désastre contemporain, et d'intéressantes observations sur l'île de Zante. Cependant, un mot pour la belle île de Chio, si célèbre par ses roses, — et par les massacres que les Turcs y firent en 1822. Elle avait, après ses longs malheurs, repris sa prospérité d'autrefois, lorsque, le 3 avril 1881, c'est-à-dire, un mois après un grand séisme éprouvé à Ischia, elle ressentit, à une heure quarante du soir, d'épouvantables secousses qui détruisirent 99 p. 100 de la ville de Chio et ensevelirent plus de trois mille personnes sous les décombres. Vingt minutes après, une seconde oscillation, presque aussi violente, puis une troisième achevèrent complètement l'œuvre de destruction. Jusqu'au 5 avril, on compta deux cent cinquante secousses, dont trente ou quarante capables de renverser un mur solidement établi. On put noter que toutes les oscillations s'étaient produites de l'est à l'ouest. Sur la côte, les vagues déferlaient avec fureur. Le palais du gouverneur, d'une construction très légère, mais chaîné sur tout son pourtour, à la hauteur de chaque étage, est resté debout, tandis que le mur de clôture de ses jardins, d'une épaisseur de 70 centimètres, a été renversé. Le séisme fut ressenti sur un rayon de plus de 70 kilomètres. Plus de quarante mille personnes se trouvèrent sans abri et sans pain, sur une terre qui ne parvenait pas à reprendre sa stabilité, au milieu des ruines sous lesquelles pourrissaient des cadavres.

III. — L'ASIE DES ANCIENS

Sommaire : L'Asie Mineure. — La Palestine ; la reconstruction du Temple empêchée par les trépidations du sol. — Le lac de Tiberiade, en Syrie. — L'Arménie russe et les ruines d'Ani. — La catastrophe d'Erzeroum. — Le séisme de Chiraz, en Perse.

Posidonius, d'après Strabon [2], signale un tremblement de terre à la suite duquel une des villes au-dessus de Sidon fut engloutie tout entière, tandis que Sidon elle-même avait les deux tiers de ses maisons renversées. En même temps, des secousses, relativement faibles, furent ressenties dans toute

1. *Géographie*, XII. — 2. *Géographie*, I.

la Syrie, et s'étendirent même à plusieurs des Cyclades et jusqu'en Eubée. Ce même Posidonius [1], cité par le même Strabon, dit que le nom de la ville de Rhages en Médie rappelle des tremblements de terre.

« Tyr, dit Sénèque, fut jadis célèbre par son écroulement; l'Asie perdit à la fois douze de ses villes; il y a un an que l'Achaïe et la Macédoine furent assaillies par le même fléau; c'est aujourd'hui le tour de la Campanie. Ainsi la destruction fait sa tournée dans le monde, et revient sur ses pas vers les lieux qu'elle avait longtemps omis. Il y a des régions qu'elle attaque plus ou moins souvent; mais elle ne souffre pas qu'aucune soit exempte de ses coups [2]. »

C'est évidemment un tremblement de terre qui acheva d'accabler, entre Tyr et Ptolemaïs, les habitants de cette dernière ville qui s'enfuyaient vaincus par le général Sarpédon. « On vit, dit Strabon [3], s'élever de la mer d'immenses vagues, semblables au flot d'une marée, qui, surprenant les fuyards, en entraînèrent une partie dans la mer où ils périrent, et noyèrent le reste sur place, dans les creux que présente la côte. Puis vint le reflux qui, en découvrant le rivage, laissa voir les cadavres de ces malheureux, couchés pêle-mêle avec une quantité de poissons morts. Un phénomène analogue se produit de temps à autre aux environs du mont Casius, à la frontière d'Égypte : à la suite d'un brusque et unique tremblement de terre, on voit s'opérer à la surface du sol un premier changement, les parties basses du rivage s'élèvent tout à coup de manière à refouler les flots de la mer, et les parties hautes, au contraire, s'affaissent et se remplissent d'eau; puis, un second changement survient qui remet toutes choses en place. »

D'après Pline, le plus grand tremblement dont on se souvienne, est celui que Tacite raconte ainsi :

« Cette même année (la quatrième du règne de Tibère), douze villes célèbres d'Asie — celles dont Sénèque nous parlait tout à l'heure — furent renversées par un tremblement de terre, pendant la nuit : circonstance qui rendit le désastre plus imprévu et plus affreux. Les lieux découverts où l'on se jette en pareil cas ne purent servir d'asile; la terre s'ouvrait, engloutissait tout à coup. On rapporte que des montagnes s'affaissèrent, que des plaines s'élevèrent, et qu'au travers des ruines, il s'élançait des feux. La ville de Sardes, plus maltraitée qu'aucune autre, fut aussi la plus soulagée [4]. »

Tibère, en effet, diminua les impôts que payaient ces villes, et leur accorda même des secours d'argent proportionnés à leurs pertes. On consacra la mémoire de ces libéralités, en frappant des médailles à l'effigie de l'empereur, avec, sur le revers, cette inscription : *Civitatibus Asiæ restitutis*.

1. *Géographie*, XI. — 2. *Questions naturelles*, VI, chap. i. — 3. *Géographie*, XVI. — 4. *Annales*, liv. II, chap. xlvii.

ARMÉNIE RUSSE. — ERIVAN.

En l'an 115, l'empereur Trajan se trouvant à Antioche pensa périr du tremblement de terre qui ravagea cette ville. Elle était remplie de troupes et des étrangers qui abondaient partout où se trouvait l'empereur, en sorte que, comme le remarque Dion, il n'y eut presque aucune nation ou province qui ne participât au désastre. On entendit d'abord des bruits souterrains, puis les secousses furent si violentes que la terre tremblait de tous côtés, que beaucoup de maisons s'écroulèrent et que d'autres furent balancées à droite et à gauche, comme un arbre que remue le vent. Le craquement des charpentes brisées, des pierres qui tombaient, le terrible orage interne, couvraient les cris et les lamentations du pauvre peuple. Presque tous ceux qui étaient dans leurs maisons furent enterrés sous les ruines, et la violence des oscillations jetait les uns contre les autres ou sur les murs, ou sur le sol, ceux qui étaient dans la rue. Il y eut un grand nombre de morts et parmi eux un consul. Les secousses continuèrent par intervalles durant plusieurs jours. La secousse la plus violente eut lieu le dimanche 23 décembre. Ce fut alors que l'empereur, croyant que sa maison croulait, se sauva par une fenêtre. Dion ajoute qu'une montagne qui dominait la ville pencha par son sommet et faillit engloutir la ville; d'autres montagnes s'éboulèrent. On vit paraître de nouvelles rivières. Il y eut tous les épisodes douloureux, qu'enregistre le martyrologe séismologique. On entendit la voix d'une femme qui criait sous des ruines : on vint à son secours et on la trouva avec son enfant dans les bras. Elle prétendit s'être nourrie de même que cet enfant du lait de son sein. Moins heureuse, une autre mère fut trouvée morte, son enfant vivant la tétant.

Antioche est souvent ravagée : en 446, pendant un séisme qui dura, dit-on, six mois et ravagea Constantinople et Alexandrie et qui se fit sentir dans la mer aussi bien que sur la terre; en 528, où 40 000 habitants périrent; en 458; en 581; en 867; en 1114, en 1159, et ainsi de suite au cours des âges, en même temps du reste que la Grèce, Constantinople et autres lieux fameux de cette région tourmentée.

Il faut mentionner un événement dans lequel les historiens chrétiens voulurent voir l'accomplissement d'une prophétie : le tremblement de terre qui empêcha la reconstruction du temple de Jérusalem ordonnée par l'empereur Julien. De ce passage du prophète Isaïe [1] : « Elle (Jérusalem, qui, dans le texte est appelée Ariel) sera visitée par l'Éternel des armées avec des tonnerres et avec tremblement de terre, et avec un grand bruit de tempête, de tourbillon, et avec la flamme d'un feu dévorant…, » on avait conclu que le temple de Jérusalem ne sortirait point de ses ruines. Julien, qui savait cette

---

1. Chap. XXIX.

croyance, n'eut pas d'autre but que de la contrarier, en prenant en main la gloire de Jérusalem. Or, Ammien Marcellin, dont on ne sait pas au juste s'il était païen ou chrétien, raconte que « d'effroyables tourbillons de flammes qui sortaient par des élancements continuels des endroits contigus aux fondements, brûlèrent les ouvriers, et leur rendirent la place inaccessible ; enfin cet élément persistant toujours avec une espèce d'opiniâtreté à repousser les ouvriers, on fut forcé d'abandonner l'entreprise [1] ».

Saint Grégoire de Naziance fait aussi, avec beaucoup de commentaires, le récit de l'événement, en dépeignant la joie bien naturelle des Juifs à l'idée de la restauration de leur temple :

« Ceux que le souvenir de ces préparatifs saisit encore d'étonnement et d'admiration rapportent que les femmes des Juifs s'étaient dépouillées de leurs bijoux et de leurs pierreries pour contribuer aux frais de l'entreprise, et au salaire des ouvriers ; que les plus délicates d'entre elles mettaient la main à l'œuvre et emportaient les décombres dans leurs robes les plus précieuses, persuadées que toutes leurs richesses n'étaient rien en comparaison de l'ouvrage auquel elles s'efforçaient de prendre part ; mais un tourbillon de vent s'éleva tout à coup, et un violent tremblement de terre obligea de quitter l'ouvrage [2]. »

Enfin, Rufin est plus explicite encore sur le grand phénomène qui, en somme, était fréquent en Palestine : « La nuit qui précéda le jour où l'on devait commencer l'ouvrage, les fondements étant déjà prêts, il s'éleva un grand tremblement de terre, qui non seulement jeta à des distances considérables les pierres qui étaient dans les fondements, mais qui renversa la plupart des édifices d'alentour. Les portiques publics où s'étaient retirés un grand nombre de Juifs pour veiller aux ouvrages, tombèrent avec fracas, et ensevelirent sous leurs ruines toutes les personnes qui s'y trouvèrent [3]. »

Le 10 juillet 1688, Smyrne sentit un mouvement violent d'occident en orient, qui lui renversa son château et jeta ses murs dans la mer. Tout de suite après, la ville fut jetée bas ; le sol se crevassa. Les secousses étaient accompagnées de bruits souterrains. La première dura une demi-minute. Il y en eut cinq ou six. La mer était agitée. Le nombre des victimes fut de quinze à vingt mille. Il ne resta debout que le quart de la ville dont le sol, dit-on, baissa de deux pieds [4].

Le 1ᵉʳ janvier 1837, la Syrie fut cruellement éprouvée. Jaffa et Tibériade furent presque entièrement détruites, les habitants écrasés sous les décombres, et, à Tibériade, noyés sous les eaux du lac qui sortirent de leur lit,

1. Ammien Marcellin, liv. XXIII, chap. i. — 2. Grégoire de Naziance, *Discours contre Julien.* — 3. Rufin, liv. X, chap. xxxvii. — 4. *Histoire de l'Académie des Sciences*, 1683.

trente-neuf villages furent renversés de fond en comble. Les villes de Damas et de Saint-Jean-d'Acre eurent beaucoup à souffrir. Beyrouth ressentit peu de chose.

La secousse, précédée d'un bruit sourd, ébranla une étendue de 500 milles de long sur 90 milles de large dans la direction des montagnes qui bordent la chaîne du Jourdain.

Il n'est guère de pays plus éprouvé que l'Arménie, n'en jugeât-on que par ses ruines. L'Ararat est un volcan de plus de 5 000 mètres d'altitude, éteint, mais point complètement refroidi. En 1839, Dubois de Montpéreux disait après avoir constaté toutes les ruines du Plateau arménien : « N'est-il pas surprenant que, sur l'Ararat même, les deux églises d'Arkouri et de Saint-Jacques soient parfaitement conservées, quoique plus anciennes que la plupart des édifices renversés? » Cette réflexion admirative sembla avoir porté malheur aux monuments en question, à l'important monastère, dont l'un d'eux dépendait, aux villages qui les entouraient, puisque le tout, l'année suivante, avec deux mille personnes, disparut sous la boue brûlante évidemment sortie de quelque crevasse déterminée par le séisme. La ville d'Érivan fut très endommagée et celle de Nakhitchévane entièrement détruite.

Dans son livre intitulé *De Saint-Pétersbourg à l'Ararat*[1], Mme Stanislas Meunier a décrit *de visu* l'aspect de ruines datant de 1319 et qui semblent dater d'hier :

« Après cinq ou six heures de route (depuis Alexandrapol), nous apercevons des silhouettes de dômes et de minarets, et nous devinons Ani. Bientôt nous distinguons nettement les murailles fortifiées d'un grand nombre de tours. C'est Ani, à n'en pas douter. Et, en effet, nous franchissons une poterne sculptée, au galop, comme s'il s'agissait de faire une belle entrée dans une ville attentive aux voyageurs. Nous nous trouvons le long d'une seconde muraille, dans un chemin de ronde, dont nous sortons pour nous voir au milieu de « l'abomination de la désolation », comme dit le Prophète, dans une cité qui fut capitale de royaume, dont l'enceinte mesure un circuit de cinq verstes, presque entièrement jetée à bas, les rues restant dessinées par les tas de pierres qui marquent la place des maisons. Seuls sont debout les fortifications, quelques églises, des pans de murs qui appartiennent à des palais.

« Mise à sac un grand nombre de fois, Ani reçut le coup de grâce en 1319 d'un tremblement de terre. Sur cet horrible événement, on n'a pas de détails. Si prolixes quand il s'agit des guerres, les historiens nationaux sont muets

1. Paris, 1899, 1 vol. in-18.

ARMÉNIE RUSSE. — LE GRAND ARARAT VU D'ARALIK.

sur la catastrophe finale. Quelques auteurs modernes ont même donné d'autres causes à la destruction : par exemple, les débordements de la rivière, hypothèse absurde, que feront seuls ceux qui n'ont pas vu le canyon profond. Pour d'autres, ce sont les guerres qui ont produit la ruine totale. Mais l'examen des débris prouve en beaucoup d'endroits qu'il y a eu une action plus puissante que celle des forces humaines. Ainsi, une tour, au milieu de la ville, est couchée par terre, intacte, comme coupée au ras du sol, et l'on aperçoit, aplati obliquement dans ses flancs, son escalier. Aucune machine n'aurait obtenu un tel effet.

« D'ailleurs, les tremblements de terre font pour ainsi dire partie du régime de la contrée. Les plus anciennes traditions, les plus anciennes chroniques sont pleines du souvenir de ces désastres. Au viiie siècle, après la mort d'Étienne, vingt-deuxième évêque de Siounnik, il y eut des ténèbres pendant quarante jours et un bouleversement effroyable du plateau. Dix mille habitants périrent sous les décombres. « Des voix se faisaient entendre du « fond de la terre ». Les ténèbres provenaient probablement des cendres d'une éruption volcanique. Kharni, Koulpé, Erovantagerd, Erovantachad sont, comme Ani, pleines de ruines causées par les tremblements de terre.

« Ces ruines causent une impression pénible qui va jusqu'à l'angoisse. Elles ne sont pas fameuses en Europe. Elles ne font pas vivre de cicérones; il n'y vient pas de touristes anglais. Elles n'ont pas de chance; elles sont trop loin des grandes routes, des pèlerinages célèbres, consacrés. Ni Chateaubriand, ni lord Byron, ni Lamartine, ni Loti n'y ont passé. Il faudrait y demeurer longtemps pour en extraire un poème, un roman. Elles ne sont pas imposantes, l'écroulement ayant été trop complet; elles n'ont d'immense que leur tristesse, elles parlent plus par l'histoire que par l'art: elles racontent tout au long la misère humaine. Quelques pauvres diables ont fait leur gîte parmi les décombres, se sont élevés, avec les pierres de la grande ville, trois ou quatre masures. Ils cultivent un peu de terre, et ils ramassent des monnaies, si nombreuses, d'où la pierre a si bien chassé le métal, qu'elles n'ont guère de valeur.

« Ani est aujourd'hui une sorte de fief d'Etchmiatzine, plus exactement, le monastère y envoie un moine, veilleur de la solitude, gardien moral de la poussière, qui habite la seule maison solide de l'endroit, et encore est-elle fort pauvre.

« Au temps de sa splendeur, au xie siècle, sous son dernier roi arménien qui la céda à l'empereur Constantin Monomaque, Ani comptait 100 000 habitants. Elle avait mille et une église, chiffre sans doute exagéré, qui signifie seulement beaucoup. Ce sont les édifices sacrés qui ont le mieux résisté à

ARMÉNIE RUSSE. — RUINES D'ANI.

la tourmente séismique. Un minaret déshonore l'église patriarcale. Les Seldjoucides installèrent ainsi Mahomet à côté de Jésus; les cloches se turent, le muezzin chanta. Dans la grande catastrophe, le dôme et la tour grêle demeurèrent debout, muets tous les deux, égaux dans l'infortune. L'édifice est dans le goût byzantin comme la plupart des églises arméniennes. Des chapiteaux sculptés soutiennent la coupole. Toutes les roches qui ont servi à la construction sont fort belles et offrent différentes nuances de noir, de gris, de rouge. Polies, elles devaient être éblouissantes.

« La cathédrale, plus vaste que l'église patriarcale, est d'un travail plus délicat. Ses voûtes, qui étaient soutenues par des faisceaux de fines colonnes, sont remplacées par le dôme du ciel. Et cette collaboration de la nature à l'architecture est très émouvante : l'église en reçoit une illumination sereine, vers laquelle constamment se lèvent les yeux, et la ruine devient pour ainsi dire triomphale. Il semble qu'elle soit associée à la durée du firmament. Elle ne crie pas vengeance contre la guerre, les cataclysmes, le néant. Elle dit la grande paix que le temps jette sur les choses, la brièveté des douleurs, la sérénité qui s'étend sur l'oubli. »

Un mot de deux événements qui se passèrent au xix⁰ siècle.

Le 2 juin 1859 il y eut à Erzeroum un tremblement de terre, sur lequel Abich a fait un mémoire comprenant aussi le désastre de Shemakhe, dans le Caucase, survenu plusieurs semaines après. A. Perrey en donne la traduction par M. A. Brullé[1] :

« La catastrophe, dit le géologue russe, qui a frappé Erzeroum le 21 mai (vieux style) fut imprévue et ne s'annonça par rien autre chose que par le calme, une chaleur suffocante et des vapeurs abondantes dans l'air. Le tremblement de terre se manifesta à dix heures du matin par de violentes secousses causées très visiblement par des mouvements verticaux, de bas en haut, et en même temps par des chocs horizontaux qui bientôt revenaient sur eux-mêmes. Tous les habitants s'accordent à dire que les secousses ont pris leur origine dans les montagnes de Palentjukan et d'Erlidag. Le bruit sourd d'un tonnerre éloigné et souterrain accompagnait les premiers mouvements, qui se répétaient à des intervalles inégaux, pendant l'espace d'une demi-heure.

« Après les premières secousses, 1 800 maisons furent tout à fait en ruines, 1 200 plus ou moins endommagées; il périt jusqu'à 600 personnes; le nombre des blessés ne peut pas être indiqué avec exactitude. Le retour de secousses semblables, mais déjà moins fortes, commença après onze heures. Avant le

---

1. *Sur les Tremblements de terre en 1860*, Bruxelles, 1863.

soir, une fois encore, il y eut des secousses très fortes ; ce furent les dernières aussi intenses. Cette catastrophe fut le commencement d'une période de quarante jours, pendant laquelle les secousses continuèrent à se répéter de temps en temps. »

A Schiraz, en Perse. Lettre communiquée au *Petit Journal Quotidien* du 23 avril 1863 :

« Le 21 décembre, vers neuf heures du matin environ, je sentis une

ARMÉNIE RUSSE. — CATHÉDRALE D'ANI.

secousse qui ne dura qu'une seconde. Je ne m'en préoccupai nullement, je continuai ma besogne.

« Mais un moment après il en arriva une autre tellement violente que je croyais que la maison s'écroulait sous moi. Je ne fis qu'un saut de ma chambre sur la terrasse. La maison tremblait sous mes pieds comme une chaloupe battue par la tempête. Une cheminée s'abattit à mes côtés, et au même instant un bruit sourd semblait s'échapper des entrailles de la terre. J'étais dans un lieu élevé, et je pus voir distinctement tous les édifices de la ville se mouvoir, comme s'ils avaient été les jouets d'une main puissante. Je croyais que la terre allait s'abîmer sous mes pieds et je sentis le frisson de la peur. Cette seconde secousse apaisée, d'un bond, je m'élançai dans la rue, et je me sauvai à toutes jambes hors de la ville; je redoutais une troisième secousse. En effet, elle ne se fit point attendre, et elle fut terrible. Je fus alors témoin d'un spectacle qui ne sortira jamais de mon souvenir. Le terrain sur lequel est bâti la ville fut agité à peu près comme les vagues de la mer. Les murailles et quelques bastions tombèrent avec fracas; une mosquée que j'avais à ma droite, s'abîma tout entière; des parties énormes de rochers se détachèrent des montagnes que j'avais en face, et la terre frémissait sous mes pieds. Cette secousse dura bien deux minutes; elles me parurent deux siècles. J'étais debout et j'allais de droite et de gauche comme un homme ivre.

« Je suis rentré en ville trois jours après cet effroyable événement, et, comme chacun fit alors, je me réfugiai sous ma tente, au milieu de la cour de mon domicile; cette mesure est de simple prévoyance, parce que de temps à autre, il y a quelques secousses et qu'on n'en sait pas le terme. Schiraz n'est plus habitable.... »

Du reste, la Perse est un pays très séismique. En juillet 1755, par exemple, la ville de Tauris fut *presque entièrement détruite*. On dit qu'il y eut 40 000 victimes.

IV. — L'AFRIQUE

Ce que l'on m'a conté de l'Algérie, et ce que j'ai lu récemment du Maroc dans les journaux, aurait suffit à me montrer que l'Afrique, pas plus que l'Europe, n'est à l'abri des tremblements de terre. Mais, comme l'Afrique était fort peu connue des anciens, et même des modernes jusqu'au milieu du siècle dernier, je n'ai point trouvé à glaner dans les vieux livres. Édouard me dit que saint Augustin parle d'une catastrophe en Libye, qui anéantit quantité de villes, mais mon ami ne m'indique point sa source. La vallée du Nil a souvent été secouée; on voit des traces du cataclysme sur certains de ses monuments, pourtant si solides. Humboldt dit que le colosse de Memnon fut ainsi brisé l'an 27 de notre ère [1].

Une lettre écrite de Biskra, le 20 novembre 1869, raconte un assez fort tremblement de terre intéressant le sol saharien [2] :

« Mardi, 16 novembre, le temps était couvert, légèrement orageux, nous jouissions à midi de l'agréable température de 20°. Après mon déjeuner, je

---

1. *Cosmos*, t. IV, p. 198. — 2. A. Perrey, *Note sur les Tremblements de terre en 1869*, publiée par l'Académie royale de Belgique.

venais de rentrer chez moi et je me promenais dans l'allée de mon jardin. Tout à coup, à midi quarante-cinq minutes, je m'arrêtai saisi d'un sentiment indéfinissable. Je me trouvais, en un instant, dans le plus épouvantable chaos; je croyais faire un mauvais rêve. La terre de mon jardin bondissait sous mes pieds, au milieu d'un bruit sourd auquel se mêlait le vacarme de toutes les cloches en branle. Je vois ma maison se soulever, puis retomber sur le sol brusquement; les arbres également sautaient avec frénésie. Je compris que j'assistais à un épouvantable tremblement de terre. Pour n'être pas jeté à terre, je me cramponnai à un arbre. Les secousses étaient si intenses que je me demandais si le sol n'allait pas s'entr'ouvrir. Sous mes yeux je vois mon pauvre pavillon se fissurer, se disloquer. Enfin, au bout de sept secondes affreuses, la dernière secousse se fit sentir : un bruit sourd, semblable à celui d'une mer en courroux, se prolongea quelque temps, enfin s'éteignit pour laisser entendre les clameurs de la foule affolée.

.... « On n'osait plus rentrer dans les maisons qui étaient disloquées. Je parcourus sur-le-champ tous les établissements ; aucun d'eux n'était tombé.... Heureusement que les secousses furent plutôt verticales qu'horizontales, sans quoi tout était démoli. Dans mon jardin, je constatai parfaitement que le sol se soulevait, accompagné de trépidations; ce soulèvement était lent comme celui d'une poitrine qui respire, puis il y avait affaissement brusque. Les secousses continuèrent tout le reste du mois, ressenties dans toutes les oasis plus ou moins fortement. Biskra n'eut que des dislocations; mais dans un rayon de 30 kilomètres, on compta près de 200 maisons à terre, 30 tués et un grand nombre de blessés. »

Pour me mettre en règle avec l'Afrique, je citerai encore deux petites anecdotes, également empruntées à Alexis Perrey, dont le nom revient souvent dans ces cahiers, car avec ses catalogues il a fait la plus importante collection de tremblements de terre que l'on puisse consulter :

« Le 10 juillet 1862, à Accra (Guinée, entre le cap des Trois-Pointes et le cap Saint-Paul), tremblement formidable d'une durée de dix minutes, ce qui veut dire, bien entendu, qu'il y eut des intervalles entre les secousses. Les plus solides maisons de pierre s'écroulèrent. Les forts anglais furent réduits presque complètement en ruines. La rade même était ébranlée et les vaisseaux se heurtaient les uns contre les autres. Il se fit des crevasses dans le sol, dont une fort large dans les rochers, près du fort Saint-James. »

Cueilli dans le journal d'un négociant hollandais, alors à Abomey, capitale du Dahomey :

« Le sol est violemment ébranlé. M. Euschart fut appelé sur le marché, où il trouva le roi assis sur une estrade et environné de ses amazones sous les armes. Le roi lui dit que c'était l'esprit de son père qui ébranlait la terre, parce que les coutumes n'étaient plus observées. Trois chefs Ishagga, faits prisonniers dans la dernière guerre, furent amenés devant lui et lui dirent qu'ils allaient annoncer à son père que les coutumes seraient mieux observées que jamais. Chaque chef but alors à la santé du roi et fut décapité [1]. »

V. — L'ESPAGNE ET LE PORTUGAL

Sommaire : Le désastre d'Andalousie et la crevasse de Guvéjar. — Le tremblement de terre historique de Lisbonne (1755). — Écrits de Voltaire à son sujet.

Continuant le tour de la Méditerranée, je me retrouve en Europe, dans la péninsule Ibérique où il y eut des séismes d'importance. Il n'y a, dans nos contrées, que l'Italie qui l'emporte sur elle. On a, en effet, compté en Espagne et en Portugal jusqu'à 1 100 tremblements de terre. Il va sans dire que ces deux pays, quoique sous la domination romaine, ne furent pas étudiés comme l'Italie et la Grèce par les grands voyageurs de l'antiquité.

J'aurais pu avoir de vive voix des renseignements et des impressions sur la catastrophe de la fin de 1884, car plusieurs savants français allèrent étudier l'événement sur place. Les écrits de Fouqué, le chef de la Mission, me serviront de guide, et en particulier son petit volume sur les *Tremblements de terre*.

Le grand désastre de l'Andalousie a été précédé de quelques secousses si faibles que les animaux, dit-on, les auraient seuls ressenties. En somme il peut être considéré comme ayant débuté brusquement, le 25 décembre, à neuf heures quinze minutes du soir. La première secousse a été la plus violente ; elle a été suivie de plusieurs autres, à intervalles inégaux, d'abord assez rapprochées. Elles étaient verticales et suivies de mouvements ondulatoires. Sur leurs durées, on ne put savoir rien de précis. « En l'absence d'instruments enregistreurs, on n'a d'autres renseignements que ceux qui ont été fournis par des observateurs inexpérimentés, en proie à la surprise et à l'effroi, forcés de songer avant tout à leur sûreté personnelle. De plus, quand les secousses se succèdent à très court intervalle, elles peuvent chevaucher l'une sur l'autre et il est bien difficile de signaler la part du phénomène qui revient à chacune d'elles. Enfin nous savons qu'un choc unique peut, suivant les conditions du terrain dans lequel il se produit, donner naissance à un effet simple, ou, au contraire, donner lieu à des

1. A. Perrey, *Sur les Tremblements de terre en 1862*, Bruxelles, 1864.

phénomènes semblables à ceux qu'engendrerait une série de chocs. » La

ESPAGNE. — UNE VENTA, APRÈS LE TREMBLEMENT DE L'ANDALOUSIE (1884).
(Communiqué par la Société de Géographie de Paris.)

secousse initiale fut précédée du bruit souterrain qui est presque habituel,
et qui, sur l'épicentre, se fit entendre assez longtemps d'avance pour que

beaucoup de personnes aient pu sortir de leur maison et même descendre un escalier de deux étages.

Le bilan du désastre se compose de 12 000 maisons ruinées et 6 000 endommagées, de 690 morts et 1 426 blessés dans la province de Grenade; de 55 morts et 57 blessés dans celle de Malaga. A Arenas del Rey, village de 1 500 habitants, il y eut 135 morts et 235 blessés. Des crevasses profondes se produisirent en divers endroits. « A Guaro, non loin de Periana, le sol argileux appliqué sur les flancs du calcaire voisin et détrempé profondément par les eaux pluviales, s'est détaché du sous-sol et a glissé en masse, laissant sur ses bords une sorte de fossé large de deux à trois mètres. De plus, la partie crevassée s'est déplacée de manière à présenter l'aspect d'un champ labouré par une charrue gigantesque.

« A Guvejar, une cause analogue a produit une fente semi-circulaire longue de plus d'un kilomètre. Au milieu du terrain circonscrit par cette déchirure le village de Guvejar est demeuré debout, tout en subissant un transport commun. A la partie inférieure de l'un des bords de la fente, on pouvait voir ce phénomène curieux d'un olivier déchiré en deux par la fissure, l'une des moitiés de l'arbre demeurée en place, tandis que l'autre avait pris part au mouvement du terrain déplacé. »

L'épicentre du tremblement de terre du 25 décembre 1884 est allongé suivant l'axe montagneux de la sierra Tejeda, il a la forme d'une ellipse dont le centre serait sensiblement à la jonction de la sierra Tejeda et de la sierra Almijara. Les axes de cette ellipse ont, l'un environ 40 kilomètres de long, l'autre 10 kilomètres seulement. Le point le plus éprouvé a été Arenas del Rey. A Alhama, ville importante, les dommages matériels ont été aggravés par le peu de stabilité d'une rangée de maisons édifiées sur le bord d'un ravin. L'étroitesse des rues, l'ancienneté des constructions, la mauvaise qualité des matériaux entrant dans la composition des murs, ont aussi singulièrement facilité les effets destructeurs du tremblement de terre. En mars 1885, l'une des rues principales était encore encombrée jusqu'au niveau du premier étage par des débris des maisons en bordure de chaque côté. L'accumulation était telle qu'on n'avait pu songer à retirer tous les cadavres ensevelis sous les ruines.

Le sol fut agité durant plusieurs mois, avec des recrudescences, le 30 décembre 1884, le 5 janvier, le 13 et le 17 février, le 25 et le 26 mars, le 11 avril 1885, qui terrorisaient les populations. Le 11 avril toute l'Andalousie fut secouée; et il y eut des écroulements de maisons....

Une grande partie de l'Espagne subit le phénomène : Madrid et Ségovie au nord, Caceres et Huelva à l'ouest, Valence et Murcie à l'est; sous la Méditer-

ranée, on ne sait pas exactement jusqu'où s'étendit le mouvement. La surface
ébranlée fut au moins de 400 000 kilomètres carrés[1].

L'une des plus célèbres catastrophes du monde entier est le séisme qu'on
a appelé *tremblement de terre de Lisbonne*, parce que cette capitale en fut
le centre. Les ravages furent terribles et une grande partie de la surface
du globe fut agitée. En outre les prédicateurs et les philosophes s'en empa-

ESPAGNE. — CAMPEMENT DE SINISTRÉS A CANILLAS DE ACEITUNO APRÈS LE TREMBLEMENT DE TERRE DE 1882.
(Communiqué par la Société de Géographie de Paris.)

rèrent, en sorte que la gloire ne lui manqua pas plus qu'à une bataille de
Frédéric le Grand.

Le 1er novembre 1755, à neuf heures trente-cinq minutes, l'orage souterrain se déchaîna et frappa de terreur les habitants du Portugal qui, avant de
pouvoir se rendre compte de rien, subirent un choc effroyable qui les jeta à
terre, un grand nombre sous les ruines des maisons et des monuments.
Après le choc, ce fut comme les cahots d'un lourd chariot roulant à toute
vitesse sur une terre raboteuse.... Ces convulsions durèrent six minutes. Le

1. Fouqué, *Les Tremblements de terre*, p. 291 et suiv.

ESPAGNE. — CREVASSE OUVERTE DANS LE SOL DE GUEVEJAR
PAR LE TREMBLEMENT DE TERRE DE 1884.
(Communiqué par la Société de Géographie de Paris.)

point de départ du séisme fut vraisemblablement sous-marin. Dans le port, complètement à sec, se précipita une lame haute de cinquante pieds qui s'écroula dans la baie, mais dont les eaux néanmoins gagnèrent la ville : parmi des amas de décombres, quelques maisons étaient restées debout, que le flot acheva ou dont il chassa les malheureux habitants.

Le premier choc souleva par places le lit du Tage jusqu'à la surface de l'eau. Des personnes qui se trouvaient dans un canot, à un mille environ de la ville, ressentirent la secousse que l'on a quand on touche violemment le fond. Les navires furent arrachés de leurs ancres, jetés les uns contre les autres, brisés, coulés. Le grand quai, Cays de Prada, s'écroula dans les eaux, entraînant la foule qui avait cru y trouver un refuge.

Oporto fut également à peu près détruit au milieu d'un fracas épouvantable.

Le fleuve se hérissa de vagues furieuses, avec un énorme dégagement de gaz. A Ayamonte, les secousses destructrices durèrent une quinzaine de minutes. La mer, remontant la Guadiana, envahit la côte, les rues, inonda des îles. Détruite aussi par le flot, la ville de Canala, où des crevasses laissèrent échapper des torrents qui accrurent la calamité.

Certaines villes d'Espagne furent cruellement éprouvées, Cadix entre autres qui fut profondément ébranlée, mais qui ne fut envahie par le flot que deux heures après le premier choc. Alors, une vague de près de vingt mètres de haut assaillit les remparts et les submergea. Des masses pesant huit à dix tonneaux furent entraînées à une distance de trois cents mètres.

Sur toute la côte, la mer resta furieuse pendant vingt-quatre heures. Les oscillations ne cessèrent pour ainsi dire pas de tout le jour, jetant les gens par terre, donnant le vertige et la nausée aux plus solides.

Si le télégraphe avait été connu en ce temps-là (et point détruit), l'Europe aurait été persuadée que c'était la fin totale du monde, car de tous côtés la terre se soulevait, mais non point partout au même moment. Ainsi, Madrid ne sentit le premier choc qu'à dix heures dix-sept, c'est-à-dire vingt-sept minutes après Lisbonne. La commotion ébranla les Pyrénées. On dit qu'il se fit près d'Angoulême une crevasse de six lieues de long qui fut envahie par l'eau. La Provence ne fut pas indemne. Les Alpes tremblèrent. Brigue eut des maisons renversées, et les secousses y durèrent, de même qu'à Lisbonne,

ESPAGNE. — SIERRA D'ALMIJARA SECOUÉE PAR LE TREMBLEMENT DE TERRE DE 1884.
(Communiqué par la Société de Géographie de Paris.)

jusqu'à la fin de décembre. Les lacs de Suisse et d'Italie furent agités, avec des variations dans leur niveau. A Turin, il y eut des quartiers détruits. Milan souffrit aussi, et le littoral de la péninsule. Mais le Vésuve, qui était en éruption, se calma.

En Allemagne, le séisme fut ressenti assez fortement. Les sources de Tœplitz, après s'être troublées, s'arrêtèrent durant une minute, puis recommencèrent de couler, avec une violence telle que bientôt elles causèrent une inondation. Il y eut des variations dans les lacs de la Péninsule scandinave. Mais tout ce qui se produisit à l'intérieur fut dépassé par les phénomènes marins sur le littoral. L'oscillation de la mer se propagea jusqu'au nord de l'Europe avec une amplitude considérable. Ainsi à Leyde, à dix heures et demie, les eaux s'élevèrent d'un pied et demi au-dessus du niveau normal. L'embouchure de l'Elbe, Hambourg, les côtes de Danemark, de Norvège, jusqu'au fond du golfe de Finlande, furent menacées par la hausse de la mer.

Les Iles Britanniques furent très éprouvées; la côte de Cornouailles fut inondée par la mer qui s'éleva à dix pieds au-dessus de son niveau habituel. Les étangs du comté d'Essex, les lacs d'Écosse débordèrent considérablement. L'épouvante régnait dans les mines dont les galeries semblaient menacées d'écroulement.

Le Maroc souffrit autant que le Portugal. Une ville de dix mille habitants disparut. Tétouan, Tanger, Fez, Méquinez furent presque entièrement détruits. Près de Méquinez, une montagne laissa échapper, d'une énorme crevasse, des torrents d'eau roussâtre qui ne tarirent qu'au bout de plusieurs jours.

Les Canaries, les Açores furent ravagées. A Madère, la mer s'éleva à plusieurs reprises à quinze pieds au-dessus de son niveau ordinaire.

Les secousses se propagèrent jusqu'en Amérique, sur les côtes de laquelle l'eau devint noire comme de l'encre.

A Paris, où l'on n'avait rien senti, on eut la nouvelle de la catastrophe portugaise par une lettre publiée le 21 novembre dans la *Gazette de France*. Mais on savait déjà qu'il s'était passé des choses graves et que la terre avait tremblé en beaucoup de points. Aussi eut-on grand'peur; le 18 février 1756, vers sept heures et demie du matin, différents quartiers de Paris furent doucement remués. Il paraît que sur la montagne Sainte-Geneviève l'avertissement fut assez sérieux, car les ecclésiastiques du séminaire de la Sainte-Famille coururent se réfugier dans la cour du collège de Navarre. Personne d'ailleurs n'eut aucun mal, non plus que le 30 avril, quand le phénomène recommença, avec la même bénignité, si bien qu'on ne songea même pas à pleurer ses péchés, malgré les sermons des prédicateurs qui avaient pris la colère céleste pour thème.

Pas plus que les théologiens, Voltaire ne perdait son sujet de vue. Le malheur d'autrui déchaîna son esprit, et aussi, hélas! sa verve versificatrice.

« Voilà, monsieur, écrivit-il à Tronchin, une physique bien cruelle. On sera bien avancé à deviner comment les lois du mouvement opèrent des

ESPAGNE. — CAMPEMENT D'ARENAS DEL REY APRÈS LE TREMBLEMENT DE TERRE DE 1884.
(Communiqué par la Société de Géographie de Paris.)

désastres aussi effroyables dans le meilleur des mondes possibles; cent mille fourmis, notre prochain, écrasées tout à coup dans notre fourmilière, et la moitié périssant, sans doute dans des angoisses inexprimables, au milieu des débris dont on ne peut les tirer, des familles ruinées aux bouts de l'Europe, la fortune de cent commerçants de notre patrie abîmée dans les ruines de Lisbonne. Quel triste jeu de hasard que le jeu de la vie humaine! Que diront les prédicateurs, surtout si le palais de l'Inquisition est resté debout? Je me flatte qu'au moins les révérends pères inquisiteurs auront été écrasés comme les autres.... »

Il parle sur ce ton à tous ses correspondants du moment et se met à l'œuvre, pour un monument en vers, un *Poème sur le désastre de Lisbonne*, qu'il achève en trois semaines.

Sut-il qu'il eut un rival dans le perruquier André, qui fit une tragédie en cinq actes et en vers, intitulée *Le Tremblement de terre de Lisbonne* (Amsterdam, 1756, 80 p. in-8°) dont un exemplaire, avec signature de l'auteur, faisait partie de la collection de M. Alexis Perrey?

Enfin, dans *Candide ou l'Optimisme*, Voltaire mit ses héros aux prises avec la nature, — de la façon rudimentaire particulière aux romans de ce temps-là....

Candide et Pangloss viennent d'essuyer une tempête et de naufrager. Ils arrivent à la côte sur une planche et se dirigent sur Lisbonne.

« A peine ont-ils mis le pied dans la ville, en pleurant leur bienfaiteur, qu'ils sentent la terre trembler sous leurs pas; la mer s'élève en bouillonnant dans le port, et brise les vaisseaux qui sont à l'ancre; des tourbillons de flammes et de cendres couvrent les rues et les places publiques, les maisons s'écroulent, les toits sont renversés sur les fondements et les fondements se dispersent : trente mille habitants de tout âge et de tout sexe sont écrasés sous les ruines. Le matelot disait en sifflant et en jurant : « Il y aura quelque chose à gagner ici. — Quelle peut être la raison suffisante de ce phénomène? disait Pangloss. — Voici le dernier jour du monde! » s'écriait Candide.

« Quelques éclats de verre avaient blessé Candide; il était étendu dans la rue et couvert de débris; il disait à Pangloss : « Hélas! procure-moi un peu de vin et d'huile; je me meurs. — Ce tremblement de terre n'est pas une chose nouvelle, répondit Pangloss; la ville de Lima éprouva les mêmes secousses en Amérique l'année passée; mêmes causes, mêmes effets; il y a certainement une traînée de soufre sous terre depuis Lima jusqu'à Lisbonne.

— Rien n'est plus probable, dit Candide ; mais, pour Dieu, un peu d'huile et de vin. — Comment probable ! répliqua le philosophe ; je soutiens que la chose est démontrée. »

Candide perdit connaissance et Pangloss lui apporta un peu d'eau d'une fontaine voisine.

« Le lendemain, ayant trouvé quelques provisions de bouche, en se glissant à travers des décombres, ils réparèrent un peu leurs forces ; ensuite ils travaillèrent comme les autres à soulager les habitants échappés à la mort. Quelques citoyens secourus par eux leur donnèrent un aussi bon dîner qu'on le pouvait dans un tel désastre : il est vrai que le repas était triste et que les convives arrosaient leur pain de leurs larmes ; mais Pangloss les consola en les assurant que les choses ne pouvaient se faire autrement ; car, dit il, tout ceci est ce qu'il y a de mieux ; car, s'il y a un volcan à Lisbonne, il ne pouvait être ailleurs ; car il est impossible que les choses ne soient pas où elles sont, car tout est bien. »

VI. — LA FRANCE, LA SUISSE ET L'ANGLETERRE.

Sommaire : Instabilité de la vallée du Rhône. — Une alerte à Lyon. — Chambéry et Grenoble. — Les antécédents séismiques de la Provence. — Les secousses de Gross Gerau. — Mouvements du sol britannique ; leur origine douteuse.

Le reste de l'Europe ne fournit pas assez d'incidents dramatiques pour que je m'y attarde longtemps, la matière ailleurs étant si chargée. Notre pays a malheureusement prouvé qu'il est fréquemment agité sur les bords de la Méditerranée. Il manque aussi de solidité du côté des Alpes, sans que l'histoire y ait enregistré de véritables cataclysmes. Je trouve bien, dans un catalogue de Huot, qu'en 1244 un tremblement de terre fit périr 5 000 personnes en Bourgogne ; mais, comme il n'y a pas la moindre preuve à l'appui de cette assertion, on peut la considérer comme sans valeur. Voici quelques exemples de la façon dont l'écorce terrestre, sous l'action des forces souterraines, se comporte en France et particulièrement dans la vallée du Rhône qui est relativement instable.

Faujas Saint-Fond rapporte qu'en 1773 il y eut, pendant tout un mois, des secousses aux environs de Châteauneuf, sur les bords du fleuve. Quelque temps auparavant le petit village de Clausayes avait été entièrement détruit. Un siècle plus tard, le 14 juillet 1873, les habitants de Bourg-Saint-André et ceux du voisinage ressentirent à minuit une première secousse. Le 19 juillet, nouvelle trépidation à trois heures cinquante-cinq. « On eût dit, raconte un témoin, que l'on se trouvait sur un pont tubulaire au moment où un convoi de chemin de fer y passe. » A Viviers, à Rochemaure, à la Voulte, sur la rive droite du Rhône, à Saint-Paul-Trois-Châteaux, à la Garde, à Donzère, à Chateauneuf et à Montélimar sur sa rive gauche, les secousses furent violentes. A Châteauneuf, toutes les maisons de la rue principale furent lézardées. Un grand nombre d'habitants durent loger sous la tente. Plusieurs sources se troublèrent. Le 8 août, à quatre heures cinq, nouvelle secousse précédée d'un bruissement semblable à celui du vent dans les arbres. Cette fois, le mouvement du sol fut ressenti jusqu'à Clermont-Ferrand. Les eaux du Rhône se précipitèrent sur le rivage, comme remuées par un énorme bateau à vapeur. On dit qu'un homme qui était dans les champs au moment de la secousse fut frappé aux rotules comme d'une commotion électrique. Les animaux furent aussi effrayés que les hommes. On assure qu'un perroquet fort bavard en perdit la parole durant plusieurs jours.

Le 8 octobre 1877, tremblement de terre à Lyon, à cinq heures douze du matin, précédé et accompagné de bruits souterrains. La secousse fut particulièrement appréciable à la Croix-Rousse et sur tout le versant du plateau qui regarde la Saône. Beaucoup de personnes furent réveillées en sursaut. Les pendules s'arrêtèrent, les meubles dansèrent, de la vaisselle fut brisée. A Ecully, une pièce d'eau eut ses parois fendues et perdit son eau. Beaucoup de gens s'enfuirent de leurs maisons en costume léger. A Besançon, à Chambéry et dans toutes les localités voisines de ces villes, la commotion fut ressentie. Le nord de l'Italie, la Suisse, l'Alsace eurent leur part de ce vaste mouvement.

La fin de l'année 1884, celle même qui fut marquée par les terribles tremblements de l'Andalousie, fut une période agitée pour la France. Il y eut, le 23 novembre, dans le Sud-Est, des secousses assez violentes, mais heureusement d'une très courte durée. Le 27 novembre, des oscillations, plus fortes encore, suivirent la vallée de la Durance et se propagèrent d'Aiguilles et Queyras jusqu'à Marseille. On ressentit aussi le mouvement, mais avec moins d'intensité, à Grenoble, à Toulon et à Cannes. Le Briançonnais fut assez éprouvé, avec des dégâts au fort de l'Infernet, à 2 400 mètres d'altitude, et davantage à Sainte-Catherine, qui est à 1 300 mètres, et où un grand nombre de murs furent lézardés, de toits déformés et même détruits, tandis que les cheminées semblaient avoir subi un mouvement de rotation.

A Grenoble, le 24 novembre, trois secousses assez violentes, d'une durée de six secondes, causèrent une légère panique. A Voiron, une trépidation, ou plutôt un frémissement, dura douze secondes et fut suivi de quatre ou cinq fortes oscillations accompagnées d'un fort grondement. A Saint-Marcellin, à

Vienne, secousses au même moment, de même qu'à Chambéry et dans les communes voisines. Puis, à trois heures du matin, dans ces localités savoyardes, une autre secousse accompagnée d'une détonation qui fit penser à un coup de canon. Le même jour, en Suisse, les cantons de Genève et de Lausanne vibraient également.

A cause du récent désastre de Provence (1909), on a étudié tout particulièrement le passé séismique des régions sinistrées, et je trouve dans les *Comptes rendus de l'Académie des Sciences*[1] une note de M. Bigourdan que je copie, à cause de son actualité et parce qu'elle rentre tout à fait dans mon chapitre historique.

1282. Gap. — Affreux tremblement de terre (*Corresp. Astr.*, t. VI, p. 32, d'après Perrey.)

1644. Gap. — Affreux tremblement de terre. (*Corresp. Astr.*, t. VI, p. 46, d'après Perrey.)

1731. Juin 15. — « Le 15 juin, il y eut dans la ville de Cavaillon, entre dix et onze heures de nuit, un si grand tremblement de terre qu'il semblait que toute cette ville allait être entièrement renversée. Le dôme de la porte de la Couronne tomba. On ne se souvenait point d'avoir jamais vu de tremblement de terre à Cavaillon. » (*Hist. et Mém. de l'Académie roy. des Sciences*, année 1731, p. 19-20 de l'Histoire.)

1738. — Comtat d'Avignon. — Le 18 octobre, à quatre heures trente du soir, M. Daleman, ingénieur, revenant de faire un nivellement à Chamfort dans le Comtat, fut surpris d'entendre tout à coup un bruit souterrain aussi grand que celui de 100 pièces de canon de 24 livres de balles tirées à la fois. La terre trembla sous ses pieds, et les glands de quelques chênes qui étaient sur son chemin tombèrent aussi dru que si ç'avait été de la grêle; le ciel était assez serein. Deux minutes après, il tomba une pluie de pierre, comme lorsqu'une mine a joué; cette secousse dura deux minutes. M. Daleman apprit que l'alarme avait été grande à Carpentras; des cheminées, des croix de pierre furent abattues. Dans plusieurs endroits de la campagne, on trouva la terre entr'ouverte à une si grande profondeur, que les perches des laboureurs n'étaient pas assez longues pour aller jusqu'au fond. » (*Hist. et Mém. Acad.*, année 1738, p. 37-38 de l'Hist.)

1769. Novembre 18. — Roquemaure et Bédarrides, aux environs d'Avignon : tremblement de terre qui renverse plusieurs maisons et la moitié des cheminées. (*Gaz. de France* du 15 décembre 1769.)

1772-1773. Claussaye et Saint-Raphaël. — Durant un an et demi, du 7 juin

---

1. N° 24, 14 juin 1909.

1772 à la fin de décembre 1773, de très nombreuses secousses furent ressenties dans ces deux localités situées en Dauphiné (canton de Saint-Paul-Trois-Châteaux), à 4 kilomètres l'une de l'autre et qui finalement furent ruinées toutes deux; mais on ne signale pas de victimes. En général, ces mouvements ne furent pas ressentis au loin. (Faujas de Saint-Fond, *Mémoire sur les tremblements de terre qui se firent ressentir dans le village de Claussaye*, dans Hist. naturelle de la province du Dauphiné, t. I, p. 315-335.)

1799. Février 19. — Avignon, quatre heures du soir. — Deux secousses violentes; des maisons furent renversées. (*Mon. universel* du 13 ventôse an VII.)

1812. Mars 20. — Beaumont (Vaucluse), à minuit; plusieurs secousses qui durent causer des dommages importants, car le Gouvernement accorda un secours de 12 000 francs (Décret de Napoléon daté de Vilna, 2 juillet).

De cette liste, qu'il a faite « aussi complète que possible », M. Bigourdan conclut qu'aucun tremblement violent ne s'était produit dans la région récemment dévastée.

Les tremblements de terre sont fréquents en Suisse et il y en a eu de sévères dans le Valais. On doit même à plusieurs savants de la Confédération des travaux importants sur ce sujet.

Dans les Catalogues d'A. Perrey[1] je trouve un tremblement assez fort intéressant les provinces rhénanes, en octobre 1869. Dans la nuit du 2 au 3, à Bonn, Coblence, Neuwied, assez forte secousse; faible secousse à Cologne et à Boppard.

Dans la nuit du 26 au 27, une première et légère secousse à Gross Gerau (Hesse), qui ne fut pas ressentie dans les localités voisines. Les jours suivants, les secousses se renouvelèrent, un peu plus fortes. Mais le 30, il y eut une forte secousse, avec une détonation semblable à celle d'un coup de canon. Les maisons en furent ébranlées, ainsi que dans les villages voisins. La secousse fut ressentie à Darmstadt et à Langen. A Pfungstadt, au sud de Darmstadt et dans la plaine du Rhin située entre ces deux villes, elle parut très violente et fut accompagnée de bruit souterrain.

Le 31, toujours à Gross Gerau, secousse forte suivie d'une série de secousses nombreuses et légères, accompagnées de roulements souterrains. A sept heures, neuf heures, onze heures du matin, midi, trois heures du soir, secousses plus fortes renversant cheminées et poêles à Gersau et dans les localités voisines. A Langen, la secousse, avec tonnerre souterrain, dura douze secondes. A cinq heures vingt du soir, à Gross Gerau et dans tous les

---

1. *Notes sur les Tremblements de terre en 1869*, publiée par l'Académie royale de Belgique (1872).

environs, une secousse si violente que tous les habitants, déjà effrayés par les secousses précédentes, s'enfuirent épouvantés dans les rues. Aucune maison ne s'écroula, mais beaucoup de cheminées furent renversées et des plafonds tombèrent. A Darmstadt, le mouvement fut violent, ondulatoire, composé de trois secousses distinctes d'une durée totale de dix secondes; la neige qui couvrait les toits glissa à terre.

Le 1ᵉʳ novembre, une secousse, plus longue que toutes les précédentes, augmente la panique. A Darmstadt, elle dura quarante secondes, avec bruit souterrain. Aux environs de Mayence, beaucoup de personnes s'enfuirent des maisons.

La plaine du Mein et la Kinzigthal jusqu'à Gelnhausen furent pareillement secouées : les poêles et tous les meubles, mis en mouvement, vibrèrent comme les murailles pendant plusieurs secondes. On dit qu'à Reichenbach les maisons oscillèrent comme des bateaux sur la mer. Les secousses continuèrent toute la journée à Gross Gerau, mais assez faibles. A onze heures trois quarts du soir, une forte et longue secousse ébranla toutes les maisons et en fit fuir les habitants. Le cercle d'ébranlement fut assez étendu, Marbourg, Mayence, Darmstadt, Francfort, Wiesbaden, Heidelberg, Mannheim furent intéressés. A Gernsheim, des bateaux chargés furent secoués par le Rhin. De toute la nuit, à Gross Gerau, les bruits souterrains ne cessèrent pas. Le 2, à quatre heures quarante-cinq du matin, toujours dans cette ville, une violente secousse fut suivie d'oscillations qui durèrent jusqu'à six heures du matin. Il y eut encore des cheminées renversées et production d'un grand nombre de lézardes. A Wiesbaden, le tremblement fut accompagné d'un bruit semblable à un coup de canon. A neuf heures vingt-six du soir, secousses qui, à Gross Gerau, continuèrent d'ébranler et de lézarder les maisons et qui, à Francfort, durèrent quarante secondes et firent tomber des tuiles. A Saalbau, il y eut une forte panique au théâtre, où l'on voyait stalles et fauteuils s'agiter.

La nuit du 2 au 3 novembre 1869 fut passée en plein air par les ennuyés habitants de Gross Gerau.

Les secousses continuèrent longtemps encore. Au 13 novembre, on en avait compté plus de 500. Elles persistèrent tout le mois de novembre, fréquentes mais légères.

Et, pour finir, quelques notes sur l'Angleterre, où l'histoire a gardé le souvenir d'un assez grand nombre de tremblements de terre : en 1048, en 1076, en 1084, en 1089, en 1110. En 1112, le jour de Noël, plusieurs églises furent détruites et le continent eut sa part du désastre, car Liège eut un débordement des eaux de la Meuse. En 1158, Londres vit la Tamise asséchée. En 1179, au dire de vieux historiens, le terrain, dans le comté de Durham, s'éleva « à une hauteur considérable depuis neuf heures du matin jusqu'au coucher du soleil qu'il s'affaissa avec un bruit terrible. Les habitants en furent si épouvantés, que plusieurs en moururent de peur. Cet accident laissa un creux fort profond que l'on voit encore aujourd'hui[1]. » Il faut noter encore 1185, 1246, 1247, 1248, 1250, 1318, 1382, 1385, 1425. En 1571, le 17 février, on vit la terre s'ouvrir tout à coup dans le comté de Hereford. « Plusieurs rochers s'avancèrent de côté avec le terrain sur lequel ils étaient assis, faisant d'abord un bruit terrible ; ils continuèrent de se mouvoir depuis six heures du soir jusqu'au lendemain matin qu'ils avaient fait la distance de quarante pas, et emportèrent avec eux des grands arbres et des bergeries, dont quelques-unes renfermaient soixante moutons et davantage. Plusieurs arbres tombèrent dans les crevasses, d'autres qui étaient dans la plaine furent transportés au haut des montagnes sans être déracinés.... Le district qui a ainsi été remué contient en tout 26 acres, le terrain en se mouvant fit que ce qui était une plaine est devenu une grande montagne de 24 verges de haut. Le mouvement du terrain dura depuis le samedi jusqu'au lundi soir qu'il s'arrêta[2]. »

Edouard dit qu'il s'agissait sans doute là de glissements et d'éboulements n'ayant rien à voir avec les séismes. Il en est ainsi de beaucoup de ces mouvements du sol en Angleterre....

En 1574 et 1580, les Anglais furent fort secoués et effrayés. A Londres, la grosse cloche du Palais de Westminster et plusieurs autres dans la ville et aux environs se firent entendre. Il y eut des gens tués sous des écroulements. Citons enfin, comme marquées par des séismes en Angleterre, les années 1586, 1596, 1666, 1671, 1678, 1683, 1690, 1731, 1734, etc., etc.

Le 24 avril 1884, un tremblement de terre assez intense a inquiété Londres et un grand nombre de localités des comtés d'Essex et de Suffolk. Les secousses, constatées par toutes les pendules arrêtées dans les endroits touchés, ont eu lieu, ici à neuf heures seize, là à neuf heures vingt, là à neuf heures et demie. A Colchester un grondement sourd a été suivi d'une secousse de trente secondes qui a fait trembler toutes les maisons, et renversé des cheminées et une flèche d'église, laquelle a brisé dans sa chute une partie du toit de l'édifice. A Kelvedon, il y eut un bruit semblable à la détonation d'une bordée tirée par un vaisseau de guerre. Les maisons furent si fortement secouées que les habitants s'enfuirent en criant dans la rue. Même panique en certains quartiers de Londres. A Wivenhœ, un grand nombre de

---

1. *Chronicon* Johannis Brompton. — 2. *Annales* de Stow.

maisons ont été si détériorées qu'elles n'étaient plus habitables. Les bateaux de la rivière éprouvèrent également les effets du choc[1].

VII. — LA CHINE ET LA SIBÉRIE

Sommaire : Pénurie des renseignements sur la Chine. — Séismicité de la région du lac Baïkal. Éruption de sables. — Crevasses et affaissements du sol.

L'Asie tremble comme l'Europe, même dans sa partie la plus continentale; mais comme l'Europe, elle a des lieux d'élection. Pour la Chine, on n'a que des renseignements incomplets. D'après les récits des missionnaires, Pékin aurait subi en 1731 un séisme grave. Je trouve dans le *Tableau des principaux tremblements de terre*, depuis le commencement de l'ère chrétienne jusqu'en

LE MONASTÈRE DE SAINT-INNOCENT.

1835, dressé par Huot dans sa *Géologie*, qu'en 1555, 80 000 personnes périrent, mais il ne donne aucun détail. Il est plus explicite pour le tremblement de

1. *La Nature*, année 1884.

terre de 1830, qui fit périr aussi des milliers d'individus et qui aurait produit une crevasse de 6 lieues de long et de 15 pieds de largeur. En 1833, une catastrophe, également très meurtrière, s'étendit dans la province de Ho-nan, dans celles de Chan-si, de Pe-tchi-li et de Chan-toung. D'après M. de Montessus de Ballore[1], le Chan-si et le Ho-nan constituent, en effet, une région séismique assez bien définie. Mais cet auteur dit aussi que tout reste à faire pour la science séismologique dans cet immense pays.

En Sibérie, je me bornerai à citer un tremblement de terre sous la glace.... Il se produisit en hiver, les 11 et 12 janvier 1862 (30 et 31 décembre 1861, style russe), sur les bords du lac Baïkal, à l'embouchure de la rivière de Selenka. Je prends quelques passages à ce sujet dans un rapport lu au comité sibérien, par M. Lopatine, et traduit par M. A. Brullé, pour A. Perrey[2].

Les secousses du 30 furent peu de chose; elles furent graves le 31. Il se produisit des crevasses d'où il sortait du sable et de l'eau; les puits réjetaient de la boue. A Koudarine, le sable lancé par les crevasses couvrit la moitié des maisons. Les secousses, accompagnées de bruit, étaient si fortes qu'on ne pouvait se tenir debout. Dans le bourg de Koudarine, une des coupoles de l'église tomba. Dans la plaine, une violente secousse verticale détermina la production de monticules d'où s'élançaient par de vastes fissures du sable et de l'eau qui s'écoula vers le Baïkal. Celui-ci se déversait sur le pays inondé, par une fissure parallèle à ses rives. Les Bouriates établis là subirent des pertes considérables, par exemple celles de 3 500 têtes de bétail, 40 000 meules de foin, du blé, etc. Il ne périt qu'une femme. Les Bouriates se réfugièrent sur le toit de leurs maisons, d'où ils attendirent le secours des paysans russes.

« Le 30 décembre, quelques paysans des villages russes étaient occupés à pêcher. La pêche était si favorable que, ne considérant pas que le 31 était un dimanche, ils persistèrent à pêcher, malgré l'usage. S'étant assemblés après le dîner, pour retirer leurs appareils, ils se rendirent tous de l'hivernage à la mer (le lac). Tout à coup la secousse se produit au-dessous d'eux et ils sont enlevés par les eaux. Cherchant à se sauver dans le lieu du refuge habituel, c'est-à-dire à terre, ils pensaient pouvoir y parvenir: mais ils furent tellement frappés par le spectacle inaccoutumé de la terre en mouvement qu'ils se jetèrent plus loin sur la glace du Baïkal, qui, à ce moment, était encore immobile; à peine s'étaient-ils mis en marche que l'eau, les soulevant, se porta rapidement vers le rivage, emporta la station d'hiver et s'étendit à environ deux verstes dans l'intérieur des terres, entraînant les bois sur son chemin et

---

1. *Géographie séismologique*, p. 138, Paris, 1906. — 2. *Note sur les Tremblements de terre de 1862*, Bruxelles, 1864.

déchirant la terre qui probablement s'affaissa en même temps, à tel point qu'aujourd'hui la déchirure offre environ deux archines remplies d'eau, et que la glace s'élève d'une à une archine et demie au-dessus du rivage. La couche de terre soulevée est comme déchirée sur les bords de ce détroit.

« La vague au bout de quelques minutes revint promptement au Baïkal, brisant la glace loin du rivage. Les pêcheurs se sauvèrent à grand'peine sur des glaçons qui se portaient vers la rive. »

Ces événements se passaient sur la rive orientale du Baïkal. A Irkoutsk, non loin de la rive occidentale du même lac, le tremblement n'était pas moins violent. A. Perrey[1] a recueilli à ce sujet des détails intéressants dans le *Journal des Mines de Russie*, année 1862. Les secousses du 31 furent terribles. On prétend qu'elles durèrent deux minutes sans interruption, et l'on assure avoir vu les oscillations du sol et des édifices. Un paysan du village de Podgorodno-Jilkinsk dit qu'il vit osciller, puis tomber les murs du monastère de Saint-Innocent. Un porteur d'eau, qui était allé puiser de l'eau dans l'Angara, rentra chez lui épouvanté en racontant qu'il avait été assourdi par le craquement subit de la glace et que l'eau sortant par les crevasses avait failli l'entraîner.... Il y eut dans Irkoutsk beaucoup de dégâts. Les secousses continuèrent longtemps. On en compta trente-quatre en 1862. Jamais une telle fréquence n'avait été observée dans le pays.

VIII. — LE JAPON

Sommaire : Abondance des documents japonais. — Les grands désastres du xvie siècle. — Le voyage de Purchas. — Les malheurs de l'Empereur Tayco-Sama. — Le palais monstre d'Osaka. — Les ruines de Méaco. — La frégate russe *Diane*.

S'il fallait donner un rang aux pays les plus éprouvés par les séismes, il y aurait quelque embarras pour décerner le premier. L'Italie?... Le Japon?... le Pérou?... les Philippines?... Peut-être faudrait-il se décider pour le Japon, chez qui les vagues monstrueuses, ou *tsumanis*, de la mer bouleversée viennent souvent compléter le désastre des secousses de la terre.

Les Japonais ont tenu de leurs catastrophes un compte presque aussi exact que les géographes et les historiens grecs et romains. Mais je n'irai pas remonter chez eux à la plus haute antiquité. Je me contente de prendre dans un Catalogue d'Alexis Perrey[2], qui lui-même a puisé dans les *Ambassades mémorables de la Compagnie des Indes Orientales des Provinces-Unies vers les*

---

1. *Note sur les Tremblements de terre de 1843 à 1862 présentée à l'Académie royale de Belgique* (1865). — 2. Lyon, 1863.

Empereurs du Japon (I, 68, Amsterdam, chez Jacob de Meurs, 1680, en 2 parties in-fol.), et dans Kæmpfer (*Hist. du Japon*, trad. française, t. I, d'après une lettre écrite le 15 octobre 1586, de la province de Nagatta, par le P. Froës), quelques détails curieux quant au désastre qui sévit au xvi⁰ siècle sur deux villes importantes de la grande île de Niphon, Osaka et Miaco appelée aussi aujourd'hui Kioto.

« 4 septembre 1585, minuit, la ville d'Osacca (Osaka) a reçu de furieuses secousses d'un tremblement de terre qui fut si terrible, qu'on eût dit que la dernière ruine du monde estoit venue. On vit en une demi heure une infinité de maisons bouleversées jusques aux fondements, et les gens écrasez par centaines sous les ruines. Les principaux édifices furent les premiers renversez et entre autres l'ouvrage ou le bastiment le plus beau qu'il y ait jamais eu sous le ciel, lequel avoit esté basti par Tayco-Sama et qui estoit entouré de galeries si spacieuses, qu'on y pouvoit ranger 150000 hommes en ordre de bataille. Il avoit achevé cette merveille du monde, dans le temps qu'il attendoit une fameuse ambassade de la Chine, à qui il vouloit faire montre et parade de la puissance de son empire, par un si superbe et merveilleux bastiment.... »

Il faut croire que les morceaux des « bastiments » se trouvaient assez bons pour être ramassés et remis en place, car ils subirent de nouveaux assauts séismiques en 1596, — onze ans plus tard, — à moins qu'il n'y ait erreur dans les dates et que les diverses aventures de Tayco-Sama ne se rapportent qu'à une seule catastrophe.... Autrement, ce pauvre empereur, si fastueux en ses intentions, aurait eu bien peu de chance. L'erreur de date est d'autant plus probable que c'est à d'autres sources que puise cette fois Perrey : dans l'*Histoire du Japon*, de Charlevoix, et dans l'*Histoire de la Compagnie de Jésus au Japon*. Les compilateurs actuels avalent tout, à la manière des anciens. Presque toute l'histoire est faite de légendes, de racontars, de mémoires dont les auteurs mentent impudemment, au moins toutes les fois qu'ils sont en jeu, afin de se donner le beau rôle. Un peu de vérité sort cependant de tant de faussetés voulues ou non. Le lecteur intelligent obtient une moyenne, des probabilités, une couleur du temps et du lieu, dont il doit se satisfaire. Que l'empereur Tayco-Sama ait eu ses « beaux bastiments » endommagés ou tout à fait ruinés, en 1585 ou en 1596, la chose a d'ailleurs peu d'importance. Ce qui est certain, c'est qu'il fut pris dans une grande convulsion de la nature, que son prestige d'empereur se trouva en désarroi, et que dans sa peur il pria avec humilité. Et l'historien chrétien ne perdit pas de vue la gloire de la religion qu'il était allé prêcher en ce pays idolâtre et se plut à enregistrer les événements les plus propres à la faire valoir :

« Donc, le 30 août 1596, vers huit heures du soir, tremblement qui ravagea tout le Japon. Il recommença le 4 septembre et redoubla d'une si étrange manière qu'encore qu'il n'eût duré qu'une demi-heure, à différentes reprises, tous les palais que l'empereur a fait construire à Osacca, où le tremblement fut le plus sensible, furent renversés, et ce qui augmenta considérablement l'horreur du désastre, c'est qu'en plusieurs endroits on entendit sous terre des mugissements, des coups semblables à ceux du tonnerre, et comme le bruit d'une mer extraordinairement agitée.

« Le lendemain, à deux heures de la nuit, le ciel étant fort serein, il survint

VUE DE LA VILLE D'OSAKA.

un troisième tremblement dont les deux premiers ne semblaieut avoir été que les préludes ; il fut aussi accompagné de cris, de hurlements et d'un bruit semblable à des décharges de canon. Il s'étendit fort loin ; quantité de villes furent entièrement renversées, et surtout celle de Fucimi. Il ne resta du palais de Tayco-Sama que la cuisine où il se sauva presque nu, portant son fils entre ses bras. Sept cents de ses concubines furent écrasées sous les ruines. Le nombre des autres personnes qui eurent le même sort dans toute l'étendue de l'empire est incroyable : mais on prétend qu'il n'y périt aucun chrétien ; ce qui est certain, c'est que toutes les maisons d'un côté d'une rue étant tombées à Sacaï, celle d'un chrétien nommé Roch, où l'on avait coutume de s'assembler pour la prière, et pour traiter des affaires de la religion, resta seule sur pied et ne reçut aucun dommage.

« L'empereur, qui avait passé la nuit dans de grandes alarmes, se retira le lendemain sur la hauteur voisine, d'où, considérant les tristes effets du terrible accident, il s'écria, dit-on, que Dieu le punissait avec justice d'avoir entrepris ce qui était au-dessus d'un mortel. Les crevasses, qui parurent en plusieurs endroits, dans la campagne, et les secousses qui continuaient à se faire sentir de temps en temps, obligèrent ce prince à demeurer quelque temps dans une cabane de jonc, qu'il se faisait dresser, tantôt dans un endroit, tantôt dans un autre. »

Cette cabane devait paraître tout particulièrement étroite à un homme qui avait pu ranger en bataille 150 000 hommes dans son palais. D'ailleurs, ce palais continuait de se bien porter, malgré son renversement, car le 21 octobre suivant, il y eut dans ses murs grande fête pour une réception d'ambassadeur. Cet empereur aurait-il fait construire aussi à Meaco (ou Miaco) ou y aurait-il en ce sujet d'horribles confusions ? Toujours est-il que Purchas[1] raconte que, « le 22 juillet 1596, il tomba une pluie de cendres aux environs de Meaco au Japon, et que la terre en fut couverte, comme si ç'avait été de la neige. Il succéda bientôt après, en cet endroit et ailleurs, une pluie de sable rouge, qui fut suivie d'une autre semblable à des cheveux de femme[2]. Il survint immédiatement après un tremblement de terre, qui en fit tomber les temples et tous les superbes palais, pour la construction desquels Tayco-Sama avait dépensé des sommes immenses et employé cent mille ouvriers, et il y eut quantité de monde écrasé sous les ruines. Des douze cents images dorées qui se trouvaient dans le temple de Jansuzanges, il y eut la moitié brisée par morceaux. La mer monta fort avant sur le continent, et l'entraîna avec elle en se retirant, sans laisser aucun vestige de pays. Les villes d'Ochinosama, de Famaoqui, d'Ecuro, de Fingo et de Cascicanaro furent englouties, et la mer prit leur place : les vaisseaux mêmes qui étaient alors dans les ports coulèrent à fond. »

D'après le même Purchas, la ville de Miaco avait aussi été très éprouvée dix ans auparavant, en 1586. Les secousses durèrent quarante jours et furent ressenties depuis cette ville jusqu'à la province de Sacaja : « Nagasama, qui est une petite ville d'environ mille maisons dans le royaume d'Omi, fut à moitié engloutie, et l'autre moitié fut consumée par le feu qui sortit de terre.... Dans la province de Faccata, il y avait une petite ville fort fréquentée par les marchands et appelée aussi Nagasama par les habitants, qui, après avoir souffert d'horribles secousses pendant plusieurs jours, vit la mer s'enfler telle-

---

1. *Voyages de Purchas,* liv. V, chap. vi, p. 599. — 2. Les grands volcans de l'île d'Hawaï rejettent souvent de ces filaments que les indigènes appellent *les cheveux de la déesse Pélé,* et qui consistent en lave filée par le vent, avant qu'elle ait eu le temps de se solidifier par le refroidissement.

ment que l'impétuosité des flots jeta les maisons par terre et les entraîna dans la mer, engloutit tous les habitants et ne laissa pas la moindre trace d'une ville si riche et si marchande, hormis l'endroit où était le château et encore était-il sous l'eau. Il y avait une forteresse dans le royaume de Mino, située sur une haute montagne; après plusieurs violentes secousses, la terre s'étant entr'ouverte, engloutit la montagne et la forteresse, et un lac parut au lieu où elle était. La même chose arriva dans la province d'Ikeja. Il y eut, en divers endroits du Japon, des gouffres et des ouvertures de terre si larges et si profondes qu'un mousquet ne portait pas d'un bout à l'autre; et il en sortait une odeur si mauvaise que les voyageurs n'osaient point passer par ces endroits-là. »

Les secousses continuèrent presque une année entière.

S'il y a quelque confusion dans les dates, peut-être dans les noms, tous les caractères du tremblement de terre sont rigoureusement exacts et tels qu'ils se reproduisent à chaque grand séisme de ce pays magnifique et tourmenté. J'ai déjà inscrit le nom de Mino dans mes notes sur les désastres contemporains.

Huot dit, dans son *Catalogue des tremblements de terre*, d'ailleurs sans commentaire et sans détail aucun, que l'importante ville de Miaco s'engloutit avec un million d'hommes, en 1729. Or, d'après le même auteur, elle se retrouvait là, en 1738, pour perdre encore deux cent mille de ses enfants. Et tous ces désastres n'empêchent pas Kioto, qui est toujours la même cité, d'être florissante à l'heure actuelle.

Mais j'arrive à une catastrophe dont on connaît parfaitement tous les détails parce qu'elle eut un grand nombre d'observateurs européens et américains. C'est un des plus vastes et des plus complets spécimens du genre. Je prends dans Perrey l'extrait d'une lettre d'un officier des États-Unis, à bord du vapeur *le Powhatan*, à l'embouchure du Yan-tse-kiang, en date du 2 mars 1835.

« Nous mîmes à la voile jeudi dernier (il y a une semaine), espérant pouvoir atteindre Shanghaï, dans une traversée de cinq jours; mais à peine quittions-nous le port de Simoda, que nous fûmes assaillis d'une violente tempête qui nous força à brûler une masse énorme de charbon pour lui résister. Cette tempête apaisée, il s'en éleva une seconde qui dura plus longtemps encore et, après une nouvelle pause, il y eut une troisième, encore plus violente que les deux premières, de manière que le bâtiment pouvait à peine tenir la mer. Jamais de ma carrière de marin je n'avais rien éprouvé de semblable.

« L'île de Niphon, sur laquelle se trouve Simoda, éprouva, le 23 décembre 1854, un tremblement de terre épouvantable. La ville d'Ohosaca (Osaca), l'une des plus grandes de l'empire du Japon, a été complètement détruite. Yedo a beaucoup souffert, mais plus encore d'un immense incendie qui a éclaté peu après. La ville de Simoda n'était plus à notre arrivée qu'un monceau de ruines. Après les secousses, la mer s'éleva et inonda la ville entière; elle recouvrit le sol à une hauteur de six pieds; puis se retira avec une telle violence qu'elle entraîna tout, maisons, ponts et temples avec elle. Cinq fois, dans le jour, cette vague terrible envahit le pays dont elle a fait un vaste désert. Les jonques les plus grandes qui se trouvaient dans le port furent soulevées au-dessus de la marque des plus hautes eaux et lancées à un ou deux milles dans les terres. Heureusement, beaucoup d'habitants, à l'approche de la vague, purent s'enfuir sur les montagnes voisines, mais plus de deux cents ont été noyés. La frégate russe *Diane*, de cinquante canons, sous le commandement du vice-amiral Putiatin, qui se trouvait à bord, était alors dans le port de Simoda avec l'expédition que le gouvernement russe avait envoyée à l'occasion de notre traité de commerce avec le Japon. »

C'est au Livre de loch de la frégate *Diane*, à parler maintenant :

« On éprouva la première secousse à neuf heures et quart; elle fut très violente sur le pont et dans les cajutes; elle se prolongea de deux à trois minutes; aucun signe précurseur ne l'avait annoncée. A dix heures, une grande vague s'élança dans la baie où la frégate était à l'ancre, et dans l'intervalle de quelques minutes toute la ville, avec ses maisons et ses temples, fut couverte d'eau; les nombreux bâtiments qui se trouvaient à l'ancre, battus par les flots, furent jetés les uns contre les autres et éprouvèrent de graves dommages; on vit flotter aussitôt une masse de débris. Au bout de cinq minutes, on vit toutes les eaux de la baie s'élever et bouillonner, comme si des milliers de sources avaient jailli tout à coup; elles étaient mêlées de boue, de paille et d'autres matières étrangères de toute nature; elles s'élancèrent sur la ville et sur les terres avec une force épouvantable et tous les bâtiments furent anéantis. Notre équipage dut fermer toutes les embrasures des canons; l'eau était couverte de poutres et d'épaves de toute espèce qui flottaient autour de nous. A onze heures et quart, la frégate chassa sur ses ancres et en perdit une; bientôt après, elle perdit la seconde, et le bâtiment alors éprouva un mouvement giratoire et fut entraîné avec une violence qui s'accrut encore de la vitesse toujours croissante de l'eau. La ville entière n'offrit qu'une scène déserte; d'environ mille maisons, dix-sept seulement restaient encore debout. D'épais nuages de vapeurs couvrirent en même temps l'emplacement de la ville, et l'air fut rempli de vapeurs sulfureuses. L'élévation et la chute de l'eau furent si rapides dans cette baie étroite, qu'il

VUE GÉNÉRALE DE KIOTO.

s'y forma d'innombrables tourbillons, au milieu desquels la frégate tourna sur elle-même si fortement que tout à bord fut renversé. Vers dix heures et demie, une jonque, entraînée par un de ces terribles mouvements giratoires, avait été jetée contre la frégate, s'était ouverte, brisée et avait sombré. Deux hommes seulement furent sauvés.... Cependant la frégate se maintint au milieu de ces mouvements giratoires; elle tourna 43 fois sur elle-même, mais non sans éprouver de grandes avaries au milieu des écueils qui l'environnaient de toutes parts. Les secousses réitérées firent sortir les canons de leur place, un homme fut écrasé, plusieurs furent blessés. Jusqu'à midi, l'ascension et la chute de l'eau ne cessèrent pas dans la baie; le niveau varia de 8 pieds jusqu'à 40 pieds de hauteur. Vers deux heures le fond de la mer se souleva de nouveau et d'une manière si violente, que la frégate fut plusieurs fois jetée sur le flanc, et qu'on vit l'ancre à 4 pieds de profondeur seulement. Enfin la mer se calma; la frégate employa quatre heures entières à se débarrasser du réseau inextricable de ses cordages et de ses chaînes d'ancre entortillés et confondus les uns avec les autres. La baie n'était plus qu'un champ de ruines. »

Quelques jours après, la *Diane* sombra, pendant une tempête, alors que la remorquaient cent jonques japonaises. Heureusement, avertis par un nuage significatif en ces parages, on eut le temps de couper les câbles et les jonques n'accompagnèrent pas la pauvre frégate dans son naufrage. Les malades et les blessés avaient été emportés par les embarcations.

IX. — LES ILES DU PACIFIQUE

Au sud du Japon, dans le Pacifique, une infinité d'îles : Formose, les Philippines, les Célèbes, les Moluques, les grandes îles de la Sonde, toutes plus ou moins volcaniques, toutes plus ou moins secouées. Je n'y prendrai que trois exemples : à Manille, à Amboine, l'une des Moluques, et à la côte ouest de Sumatra. La Société des Sciences naturelles de Batavia publie annuellement, depuis le milieu du siècle dernier, toutes les observations faites par les fonctionnaires ou officiers de l'armée hollandaise. C'est dire que la science séismologique y est en honneur, comme aux Philippines et au Japon.

Manille est si éprouvée par les tremblements de terre qu'elle fut des premières à avoir un observatoire séismologique, avec des instruments enregistreurs de toutes les secousses. En 1880, cet observatoire était dirigé par le P. Frédéric Faura, élève du P. Secchi, le célèbre astronome du Vatican.

Le P. Faura a donné la courbe des tremblements éprouvés dans l'archipel des Philippines, les 18, 20 et 22 juillet 1880. Le séisme du 18, commencé à midi quarante, dura soixante-dix secondes. Alors la terreur fut au comble, même chez les plus courageux, et les autres eurent tout le temps de montrer leur lâcheté. Une quantité de maisons s'écroulèrent. Mais avertis par quelques secousses qui s'étaient produites les jours précédents, on évitait de s'y tenir, en sorte qu'il y eut peu de victimes. Cependant on ramassa dix morts et vingt-neuf blessés, presque tous Chinois ou Indiens. Le 20 juillet, nouvelle secousse, plus intense encore que celle du 18. La mer eut, pendant les chocs, des vagues énormes.

Parmi les tremblements les plus ruineux qui ont désolé Manille, on cite ceux de 1601, 1610, 1645, 1658, 1675, 1699, 1796, 1824, 1852, 1863.

Le 3 juin, de cette année 1863, fut un des jours les plus néfastes pour cette île qui en compte beaucoup. En moins d'une demi-minute, elle fut détruite aux deux tiers ; toutes les églises, le palais du gouvernement, l'hôtel de ville, la douane, plusieurs casernes, les fabriques de cigares furent démolis. Il y eut d'abord, à sept heures vingt-cinq du soir, un violent mouvement vertical, suivi de deux ou trois épouvantables ondulations du S. au N. et de deux ou trois autres de direction différente. Elles étaient accompagnées de bruits souterrains forts et prolongés. Il se forma, dans la province de Bulacan, une grande crevasse d'où il sortait de l'eau noire et du sable en quantité ; cette crevasse, de plus d'un mètre de large, s'étendait sur une lieue de longueur. On affirme qu'il s'ouvrit sur une des places de Manille un cratère qui lançait du sable brûlant. Une vague violente surgit dans la baie. Un observateur dit que la frégate sur laquelle il se trouvait fut ébranlée et vibra comme si elle avait touché. L'eau bouillonnait autour, si blanchâtre qu'on aurait dit qu'on se trouvait sur un champ de neige. Sur la mer, du côté de la terre, des flammes sautèrent, comme des balles, durant une minute.

Les Moluques sont des îles souvent ravagées, et, parmi elles, Amboine garde le souvenir de grands désastres. La description que donne, de celui du 19 janvier, un témoin oculaire, pasteur de la Compagnie des Indes Néerlandaises, est celle des phénomènes violents déjà bien des fois décrits :

« Le tremblement commença à cinq heures et demie du soir, au moment où M. le Gouverneur Padbruge entrait chez moi pour me faire visite avec madame son épouse.

« On n'avait rien remarqué dans le jour qui pût faire craindre un tremblement de terre ; mais au moment où Son Excellence entrait avec son épouse dans mon cabinet, survint une violente secousse, suivie d'un épouvantable mouvement du sol ; je n'avais jamais rien éprouvé de semblable ; je vis le sol s'abaisser et s'élever sous mes pieds, comme des vagues ; le mouvement était si violent que les branches des arbres plantés dans ma cour s'abaissaient jusqu'à terre. C'était affreux à voir, personne ne pouvait se tenir debout, nous dûmes nous jeter à terre pour ne pas être renversés.

« Dans cette occasion, je pus voir que M. le Gouverneur n'avait pas moins de courage que de prudence. Jusqu'alors il avait eu ses appartements hors du fort, mais le soir même, malgré la violence des secousses, il alla coucher dans le fort, dont les murs étaient fortement lézardés ; il y passa encore les nuits suivantes afin de prévenir, par sa présence, les séditions dont on avait eu des exemples dans des circonstances semblables, ou, au moins, d'être prêt à rétablir l'ordre, s'il venait à être troublé. » Décidément, partout, la peur donne à la méchanceté humaine l'occasion de se manifester.

Les secousses se renouvelèrent jusqu'au mois d'avril, avec des détonations pareilles à celles du canon, mais sans causer beaucoup de ruines.

Il y eut plus de mal en 1711 et surtout en 1734. L'oscillation des montagnes de l'île fut très apparente. La secousse renversa un grand nombre de maisons et endommagea les autres. La terre crevassée vomit une eau blanchâtre. Le lendemain à midi, nouvelle commotion pire que les précédentes, dans laquelle périt beaucoup de monde. Les secousses furent quotidiennes durant cinq semaines et ressenties dans toutes les îles de l'Archipel.... Et ces événements continuent d'âge en âge avec des péripéties peu variées. Il y a toujours des morts, mais moins qu'en certains autres pays, les maisons des particuliers étant bâties dans la prévision des séismes, généralement entre un jardin et une grande cour plantée, au milieu desquels s'élèvent d'élégants pavillons en bambou, destinés à servir de refuge dans les tremblements de terre, où même beaucoup de personnes, craignant d'être surprises la nuit. ont l'habitude de coucher.

Cependant, on a remarqué qu'il y a souvent des épidémies à Amboine après les tremblements de terre, par exemple, après celui de 1835, alors que, pendant trois semaines, l'atmosphère fut obscurcie par un brouillard épais mêlé de vapeurs sulfureuses, qui engendra, dit-on, une espèce de typhus gastro-bilieux dont beaucoup d'habitants furent victimes[1].

Le 16 février 1861, vers sept heures et demie du soir, commença dans tout le gouvernement de la côte ouest de Sumatra un long tremblement avec mouvement formidable de la mer. Dans les hautes terres de Padang, les

____

1. A. Perrey, *Sur les Tremblements de terre et les phénomènes volcaniques aux Moluques,* Epinal, 1857.

secousses durèrent cinq minutes, si violentes qu'on ne pouvait se tenir debout. A Ajer-Bangies, la rivière se mettait à sec, puis la mer s'y précipitait en courants furieux.

Dans les îles Batou, le tremblement dura aussi cinq minutes, puis il y eut, durant toute la nuit, de légères secousses; quatre reprises d'invasion complète par les eaux.

A Siboga, le mouvement, d'abord vertical, fut ensuite ondulatoire. Il dura quatre minutes. On entendit un bruit « comme celui d'une boule roulant sur un quillier ». Le sol se crevassa. Dans la baie de Tapanœli, la mer se retira avec tant de force que les vaisseaux en rade se trouvèrent à sec. Il y eut ensuite un retour brusque avec envahissement du rivage.

A Singkel, violents mouvements d'une durée invraisemblable, car on parle de dix minutes, mais l'on n'a pas le témoignage des instruments. L'eau gagna la ville où, dans les endroits les plus élevés, les hommes avaient de l'eau jusqu'à la ceinture. La rivière changea de lit. Naturellement, il y eut beaucoup de morts.

Ces convulsions furent lentes à s'apaiser. Le 9 mars, il y eut un paroxysme plus désastreux encore que celui du 16 février. Le tremblement fut précédé de fortes détonations semblables à des coups de canon. Aux îles Batou, on vit une grande vague s'avancer jusqu'à un millier de pas à l'intérieur de l'île avant que les malheureux habitants aient eu le temps de s'enfuir. Cette vague fut suivie d'une seconde en sens contraire, puis d'une troisième qui acheva le désastre. Dix villages furent ruinés de fond en comble. Les maisons en bois les plus solides, les arbres, tout fut rasé. De 887 habitants 212 seulement furent sauvés[1].

Et le 9 septembre il y avait encore d'affreux ravages, car on lit dans le *Moniteur* du 23 septembre 1861 : « Simo, l'une des îles Batou, avait avant le séisme 13 villages et, çà et là, des hameaux formés de quelques maisons habitées par des gardiens de cacaoyers et de porcs. En tout, 120 maisons et une population de 1 600 âmes. Or 96 maisons ont été détruites et 675 habitants, plus 103 étrangers, ont perdu la vie. Les villages ne présentent plus que l'aspect d'un champ couvert de pierres. Ou bien, ce sont des poutres renversées, des planchers effondrés, des vêtements épars, des cadavres gisant les uns en décomposition, les autres déchirés par le bec des vautours, la dent des chiens et celle des porcs. Les habitants qui s'étaient enfuis, et dispersés lors de la chute des maisons, ont été abîmés sous une énorme vague roulant des blocs de rochers jusqu'à deux cents pas dans l'intérieur de l'île.

---

1. A. Perrey, *Note présentée à l'Académie royale de Belgique*, 1865.

CHAPITRE III

LES TREMBLEMENTS DE TERRE DU NOUVEAU MONDE

Je ne fais pas une histoire des tremblements de terre dans toutes les parties du monde. Si jamais l'entreprise est tentée, elle prendra plusieurs gros in-folio et elle présentera une certaine monotonie, car c'est de toutes parts une cause qui, dès maintenant, me paraît unique et qui produit des effets toujours les mêmes sur les mêmes sols, et particulièrement dangereux au bord de la mer. Ayant noté déjà de grands séismes sur la côte Pacifique de l'Amérique du Nord, je prendrai dans le passé de l'Amérique du Sud quelques exemples fameux. Et je terminerai ce chapitre aux Antilles, c'est-à-dire au centre de la seule région violemment secouée de l'Atlantique américain.

Le Vénézuela, la Colombie, l'Équateur, le Pérou, le Chili sont des pays épouvantablement bouleversés. Édouard me dit que je verrai bientôt la raison de cet état de choses.

J'ai peine à borner mon choix. Mais il le faut. Je ne m'attarderai donc pas à Caracas, où, le 26 mars 1811, il y eut l'écrasement de tout un peuple sous les ruines de toute une ville. Santa-Fé de Bogota, Quito ne me retiendront pas non plus.

1. — L'ÉQUATEUR

Sommaire : La destruction de Rio Bamba. — Le voyage d'Alexandre de Humboldt.
La fin de Pelileo.

Je prendrai seulement, dans l'Équateur, la catastrophe de Riobamba, parce que c'est Humboldt qui la raconte.

Ce fut le 4 février 1797 : « Le tremblement de terre ne fut ni annoncé ni accompagné par aucun bruit souterrain. Une immense détonation, désignée encore aujourd'hui par ces mots : *el gran ruido,* se produisit seulement dix-huit ou vingt minutes plus tard, sous les deux villes de Quito et d'Ibarra, et ne fut entendue ni à Tacunga, ni à Hambato, ni sur le théâtre même du désastre. Dans les tristes calamités auxquelles est exposée la race humaine, il n'y en a pas qui, dans un pays peu peuplé, puisse, en moins de minutes, frapper autant de milliers d'hommes que la production et la propagation de quelques ondes terrestres, accompagnées de crevassements.

« Lors de la catastrophe de Riobamba, sur laquelle le célèbre botaniste de Valence, don José Cavanilles, fit parvenir les premiers détails,... des fentes s'ouvrirent et se refermèrent de telle façon que des hommes purent se sauver en étendant leurs bras. Des troupes de cavaliers ou de mulets chargés disparurent dans les crevasses qui s'ouvrirent en travers sous leurs pas, tandis que d'autres échappaient au danger en se rejetant en arrière. La surface du sol fut successivement exhaussée et abaissée par des oscillations irrégulières, qui déposèrent sans secousse sur le pavé de la rue des personnes placées plus de douze pieds plus haut, dans le chœur de l'église ; de vastes maisons s'enfoncèrent dans la terre, avec si peu de dégâts que les habitants sains et saufs purent ouvrir les portes à l'intérieur, et attendirent deux jours qu'on les dégageât. Ils allèrent d'une chambre dans l'autre, allumèrent des flambeaux, se nourrirent des provisions qu'ils avaient par hasard et s'entretinrent des chances de salut qui leur restaient.... »

Le vrai peut quelquefois n'être pas vraisemblable,

a dit Boileau, en recommandant de se garer de ce vrai-là dans une œuvre d'imagination. Mais le savant doit le dire comme le vrai vraisemblable. Humboldt, observateur et philosophe de premier ordre, nous prévient qu'il a recueilli ces faits, non seulement de don José Cavanilles, mais aussi de gens du lieu, survivants de la catastrophe, auprès de qui il s'était informé « avec un sérieux désir de démêler la vérité historique ».

« Une chose non moins surprenante, continue-t-il, c'est la disparition de masses aussi énormes de pierres et de matériaux de construction. Le Vieux-Riobamba avait des églises et des cloîtres entourés de maisons à plusieurs étages et, cependant, je n'ai trouvé dans les ruines, lorsque j'ai levé le plan de la ville détruite, que des amas de pierres de 8 à 10 pieds de hauteur. Dans la partie sud-ouest du Vieux-Riobamba, on put reconnaître clairement une force dirigée de bas en haut, qui produisit l'effet d'une explosion de mine. »

Les cadavres d'un grand nombre d'habitants furent lancés jusque sur la Culca. Et Humboldt en vit les restes : « Sur le Cerro de la Culca, haut de quelques centaines de pieds, et qui domine le Cerro de Cumbicarra, situé un peu plus au nord, il existe des décombres mêlés d'ossements humains. A Quito, comme en Calabre, il y eut plusieurs exemples de translations horizontales, qui déplacèrent des allées d'arbres sans les déraciner, et firent glisser les uns sur les autres des champs couverts de différentes cultures. Un fait plus surprenant encore et plus complexe, c'est que l'on trouva dans les décombres d'une maison le mobilier d'une autre maison fort éloignée de la première, découverte qui donna matière à un procès. Cette confusion provenait-elle, ainsi que le supposent les habitants du pays, d'un affaissement du sol, à la suite duquel les objets auraient été précipités, ou faut-il croire, malgré la distance, à une simple superposition [1]? »

On compte qu'il périt 16 000 personnes dans la catastrophe de Riobamba. La terre ne cessa de trembler durant les mois de février et de mars et, le 5 avril, le fléau sévit encore si violemment qu'il aurait tout détruit, si tout n'avait été ruiné déjà. Riobamba, Quero, Pelileo, Patato, Pillaro furent littéralement ensevelis sous les éboulements des montagnes voisines. L'ébranlement partit des volcans qui donnaient moins de vapeurs qu'à l'ordinaire et le mouvement ondulatoire se propagea sur un pays immense. Il y eut dans le sol des bouleversements considérables. Cavanilles raconte qu'il se produisit des gouffres gigantesques; des flancs largement crevassés des montagnes, dont les sommets s'écroulaient, sortait une telle quantité d'eau fétide qu'en peu de temps des vallées qui avaient mille pieds de largeur et six cents de profondeur en furent remplies. Elle couvrit les villages, les édifices et les habitants; elle obstrua les ouvertures des sources et, faisant un dépôt terreux et très dur, intercepta les cours des rivières et les fit refluer pendant quatre-vingt-sept jours. Les phénomènes les plus extraordinaires se produisirent : « Dans le même instant que la terre trembla, le lac Quirotoa (voisin du village d'Insoloc de la juridiction de Latacunga) s'enflamma, et ses vapeurs suffoquèrent des troupeaux qui paissaient dans les environs. Une grande montagne nommée Moya, bouleversée dans un clin d'œil, vomit une rivière de cette matière épaisse et fétide qui couvrit et acheva de détruire la misérable ville de Pelileo [2]. »

---

1. Humboldt. *Cosmos*, IV, 192 à 194. — 2. Cavanilles, cité par A. Perrey, *Documents sur les Tremblements de Terre au Pérou, dans la Colombie et dans le Bassin de l'Amazone*, Bruxelles, in-8°, 1858.

II. — LE PÉROU

SOMMAIRE : Les séismes et la peste. — Le cataclysme de Cumana. — Campagne couverte de poissons. — Anéantissement du port de Callao. — Vaisseaux échoués en terre ferme. — Cent millions détruits à Iquique.

Depuis la conquête du Pérou par les Espagnols, on a un catalogue assez complet de tous les tremblements de terre survenus dans ce beau pays. Cependant le premier qui ait été exactement décrit par des Européens date seulement de 1580. La région est des plus bouleversée, tant par ses volcans que par les séismes et les irruptions de la mer sur ses côtes. En 1581, on cite une grande nappe de terre — probablement de l'argile — qui coula plus d'une lieue et demie comme de l'eau ou de la cire fondue et se jeta dans un lac.. En 1586, après un tremblement considérable, la mer s'enfla à la hauteur de 14 brasses et envahit les terres à plus de deux lieues dans l'intérieur. Avertis par le bruit souterrain, les habitants, qui avaient déjà l'expérience du phénomène, purent s'enfuir presque tous.

« L'an 1588, dit une lettre adressée au Général de la Compagnie de Jésus et citée par A. Perrey, la contagion fut si grande en ces quartiers que commençant à Carthage, qui est esloignée de Lima environ 700 lieues, du costé du septentrion, elle arriva jusques à Chite et à Potose, et de là courust tout le Pérou, tirant vers le Midy, d'où elle passa encore jusques au royaume du Chili, qui n'est pas loin du destroit de Magellan, et ce qui est à remarquer en ces mesmes pays, quelques temps auparavent, on avait senty de grands tremblements de terre, d'où on peut voir que ceux-là ne philosophent pas mal, qui disent que les tremblements de terre sont ordinairement suivis de la peste. »

Autre vieille citation, faite également par A. Perrey :

« A 35 lieues au sud de Lima, il y a un havre célèbre nommé Pisco, et une ville où demeurent plusieurs nobles et personnes de qualité, qui, s'apercevant un jour que tout à coup la mer s'était grandement retirée et avait laissé tout le rivage à sec, sortirent en grand nombre et accoururent sur la grève pour voir ce spectacle tout extraordinaire, ne se doutant du malheur qui était tout proche; car, tost après, ils aperçoivent une grosse tumeur en la mer, ils voient l'eau bouillir et pétiller, les vagues grossir et se repliant les unes sur les autres, meugler, frémir et rouler avec précipitation, non plus des vagues, mais des montagnes d'eau si hautes, qu'elles leur ôtèrent toute espérance de sauver leur vie à la fuite, et n'attendant plus que

le moment où ils seraient engloutis, et leur ville et leur pays submergés, se
jetèrent à genoux, levèrent les yeux et le cœur vers le ciel et réclamèrent le
pouvoir de celuy à qui seul les vents et la mer obéyssent. Et, en effet, voilà
que la mer, franchissant ses digues et bornes ordinaires, se fend en deux et
laissant à sec le lieu où ces pauvres gens étaient à genoux, et leur ville
derrière eux, s'épanche à droict et à gauche à la hauteur de deux piques,
une grande lieue en terre, et continuant l'espace de 300 lieues de côté
que la mer fumait et bouillait, désole tout le pays, renversant arbres,
maisons et villes, les flots surpassant de beaucoup les plus hautes murailles.
Cumana, ville célèbre, distante 230 lieues de Lima, y périt avec son port, et
quantité d'autres places, mais spécialement la ville d'Arica, dans le havre de
laquelle on estime à un million d'or la perte qui y arriva. La mer ayant de la
sorte inondé la coste par trois fois en fort peu de temps, s'estant retirée,
laissa la campagne toute couverte de poissons.... Le jour de Sainte-Catherine,
la montagne Onrate, qui depuis quelques années avait vomy quantité de
cendres, commença à s'ébranler, et peu après tout le pays fut saisy d'un tel
tremblement, et secoué d'une si estrange façon, qu'on ne croit pas que jamais
il y eut terre-tremble semblable à celuy-là, voire à peine on eust peu se
persuader que celuy du jour final eust deu être remply d'une telle horreur :
car il resgna en mesme temps 300 lieues de long de la mer et 70 dans les
terres, et dans l'espace d'un demi-quart d'heure engloutit quantité de villes,
renversa de fond en comble les autres, fit voler en quartiers les plus hauts
rochers, boucha le canal des rivières, ensevelit sous les ruines tout ce qu'il
rencontra, et à peine se trouvait lieu en tout cet espace où un homme se peut
tenir debout. »

Des séismes se produisirent en 1690, la ville de Pisco fut submergée ;
elle fut rebâtie à un quart de lieue du rivage. Désastres aussi en 1692, 1697,
1698, 1699, 1704, 1705, 1709. Durant cette dernière année, les tremblements
de terre furent presque continuels. En 1716, la nouvelle Pisco fut détruite ;
se signalent ensuite : 1717, 1720, 1725, 1732, 1734 (trois tremblements de
terre cette année-là, et il ne s'agit que de tremblements désastreux), 1738, 1742.

Je trouve dans une vieille *Histoire des Tremblements de Terre arrivés à Lima,
capitale du Pérou, et dans tous ses environs*[1], etc., la relation d'une catastrophe
survenue le 28 octobre 1746.

« Ce coup fatal arriva à dix heures et demie du soir, selon les meilleures
montres et les pendules les mieux réglées.... On entendit tout à la fois le
bruit, on sentit le choc, et on vit la désolation partout ; de sorte que pendant

---

1. La Haye, 1757 (1 vol. in-8°).

l'espace de quatre minutes seulement, que dura la plus grande force du tremblement, les uns se trouvèrent ensevelis sous les ruines des maisons, les autres écrasés dans les rues, sous les murailles qui leur tombaient sur le corps lorsqu'ils cherchaient à se sauver. Le plus grand nombre s'en est cependant garanti : quelques-uns dans les espaces ou cavités que formaient ces ruines; d'autres sur le haut de ces ruines mêmes, sans savoir comment ils y avaient pu parvenir. Il semblait que la divine Providence prenait soin de les y conduire pour leur sauver la vie; car dans une conjoncture aussi pressante, personne n'eut le temps de délibérer, et quand même on l'aurait eu, il n'y avait aucun endroit dans lequel on eût pu se croire en sûreté....

« La terre secouait les bâtiments et édifices avec tant de violence, que chaque choc en renversait la plus grande partie dont le poids achevait en s'écroulant la destruction de tout ce qui se présentait à sa rencontre, et même de ce que le tremblement avait paru vouloir épargner.... »

Pour convaincre le lecteur de la clémence divine, l'auteur lui fait observer que vingt maisons restèrent sur pied des trois mille qui composaient la ville, cependant il n'y eut que 1141 morts sur les 60000 personnes qui s'y trouvaient ce jour-là.

Le port de Callao avait eu, comme Lima, tous les édifices renversés par les chocs du tremblement. « Les pauvres habitants commençoient à peine à revenir de l'horreur de la première alarme, qu'aussitôt la mer venant à s'enfler (soit par l'impulsion que lui donnoit la violente agitation de la terre qui lui fit soulever des montagnes d'eau pendant un temps, ou par quelque autre cause qu'en puissent donner les physiciens) se déborda à un si haut degré et avec tant de force que, quoique Callao fût bâti sur le bord du rivage, sur une faible éminence, qui augmente toujours en approchant de Lima, les eaux venant à tomber de dessus les remparts où elles étoient parvenues, se forcèrent un passage, et se répandirent au-delà de leurs limites qu'elles inondèrent entièrement, firent couler la plupart des vaisseaux qui étoient à l'ancre dans ce port, entraînèrent les autres par-dessus les tours et les murailles, et les transportèrent loin au-delà de la ville, où elles les laissèrent à sec. Dans cette furie, la mer renversa jusqu'aux fondements des maisons et autres édifices, excepté seulement les deux grandes portes, et quelques fragments des murailles qu'on voit encore aujourd'hui dans l'eau, tristes monuments de ce qu'elles étoient.

« Tous les habitants de la place, qui, selon la plus exacte supputation qu'on en ait pu faire, montoient à près de 5000 âmes, de tout âge et de tout sexe, périrent dans ce déluge. Ceux qui dans un naufrage si universel purent saisir quelques morceaux de bois, flottèrent longtemps et se soutinrent à fleur d'eau; mais ces fragments qui dans une pareille extrémité étoient le seul refuge où ils pussent recourir, devinrent par leur trop grand nombre, leur plus grand obstacle et la cause de leur perte. Faute d'espace pour se mouvoir dans une si grande agitation, ils se brisoient continuellement les uns contre les autres, et écrasoient et précipitoient ceux qui s'y étoient réfugiés.

« Nous avons sçu de ceux qui ont eu le bonheur de se sauver, et qui sont tout au plus au nombre de 200, que les lames, en se retirant, se brisoient les unes contre les autres avec tant de force, et entouroient tellement toute la ville, qu'il n'y avoit aucun moyen de s'échapper.

« Il y avoit, lors du tremblement, 23 vaisseaux tant grands que petits mouillés dans le port. De ce nombre, il y en a eu, comme nous venons de le dire, quatre jetés à terre, sçavoir, le *Saint-Firmin*, navire de guerre qu'on a trouvé à terre à Chacara, à l'opposite de l'endroit où il étoit mouillé; il y avoit auprès de lui le *Saint-Antoine* appartenant à don Thomas Costa; ce navire étoit tout neuf et arrivoit de Guayaquil où il avoit été construit. Le navire de don Adrian Corzi est resté dans l'endroit où étoit l'hôpital de Saint-Jean de Dieu; et le vaisseau le *Secours*, qui étoit arrivé le soir précédent du Chili où il avoit pris sa cargaison, fut jeté vers les montagnes de Cordon. Tous les autres ont péri, excepté ces quatre qui furent jetés fort loin de la mer. »

Et pour montrer que c'est toujours la même chose, enregistrons ce fait divers :

« Le 9 mai 1877, à huit heures trente minutes du soir, la côte pacifique de l'Amérique du Sud fut en proie à un séisme dont le maximum fut au Pérou. Une succession de vagues d'une hauteur formidable emportèrent les habitants, qui au bord de la mer essayaient d'établir des secours contre les incendies dans les ruines causées par le tremblement. La ville d'Iquique et plusieurs autres furent entièrement détruites. Il n'y resta pas deux maisons debout. Mexillones et Cobija eurent les deux tiers de leurs habitations renversées. Onze navires portant du guano furent submergés. On estima les pertes matérielles à plus de cent millions de francs.

Le raz de marée se propagea jusqu'en Californie et aux îles Hawaï.

III. — LE CHILI

Sommaire : La catastrophe de Concepcion. — Une panique colossale. — Population charitable. — Le bruit du craquement de la Terre. — Le raz de marée de Talahuano. — Mer couverte d'épaves. — Voleurs soucieux du salut de leur âme.

Je prends dans Alexis Perrey[1] la traduction d'un extrait du Compte rendu officiel des voyages de l'*Adventure* et du *Beagle* (1825-1836)[2]. C'est de la relation par le capitaine Fitz-Roy de l'un des plus effroyables tremblements de terre qui aient ravagé la côte du Chili, où pourtant les séismes sont si fréquents et si considérables.

« Concepcion, 20 février 1835. — A dix heures du matin on remarqua dans la ville de grandes bandes d'oiseaux de mer, qui, passant au-dessus des maisons, volaient de la côte vers l'intérieur des terres.... A onze heures quarante minutes, on ressentit une secousse qui, faible d'abord, augmenta rapidement d'intensité. Pendant la première demi-minute, beaucoup de personnes restèrent dans leurs maisons; mais les mouvements convulsifs devinrent si forts que l'alarme fut bientôt générale, et que tous cherchèrent leur salut dans les endroits découverts. Cet horrible mouvement allait toujours en croissant; personne ne pouvait se tenir debout; les édifices semblaient ballottés par des vagues; tout à coup une épouvantable et désastreuse secousse renversa et détruisit tout. En moins de six secondes la ville ne fut plus qu'un monceau de ruines. Le fracas des maisons qui s'écroulaient; les horribles craquements de la terre qui s'ouvrait et se refermait rapidement à diverses reprises en beaucoup d'endroits; les cris de désespoir et les hurlements de la population; la chaleur accablante, les nuages de poussière qui aveuglaient et étouffaient les malheureux habitants; l'horreur et l'alarme portés à leur comble : voilà ce qu'on ne peut décrire ni même imaginer.

« Cette fatale convulsion eut lieu environ deux minutes après la première secousse et dura, dans toute sa violence, à peu près deux minutes. Pendant tout ce temps, on ne pouvait rester debout sans point d'appui; il fallait se tenir les uns aux autres, ou aux arbres, ou à d'autres objets fixes; quelques-uns se jetèrent à terre, mais le mouvement était si violent qu'ils furent obligés de jeter leurs bras de côté, comme des arcs-boutants, pour ne pas être roulés. Saisis d'une frayeur extrême, les chevaux et tous les animaux s'arrêtaient les jambes écartées en dehors, la tête basse et semblaient céder à

1. *Documents relatifs aux Tremblements de terre au Chili*, Lyon, 1854. — 2. *Geographical Journal*, VI (2°).

un violent tremblement nerveux. Les oiseaux égarés fuyaient dans tous les
sens.

« Après que ce choc violent eut cessé, les nuages de poussière qui
s'étaient élevés des maisons écroulées commencèrent à se disperser. Chacun
commença à respirer plus librement et à porter les regards autour de soi.
Tous les visages étaient pâles et présentaient un aspect sépulcral : si on eût
ouvert les tombeaux et ordonné aux morts d'en sortir, leur vue n'eût guère
été choquante. Pâle et tremblant, couvert de poussière et respirant à peine,
on courait d'un endroit à l'autre, appelant ses parents et ses amis. Beaucoup
paraissaient avoir perdu la raison.

« De fortes secousses se continuèrent à de courts intervalles, renouvelant
les dégâts et les alarmes. La terre ne fut jamais longtemps en repos durant
cette journée; — ni même pendant les trois jours qui suivirent la grande secousse.

« Des personnes qui se trouvaient à cheval au moment de la grande
secousse virent leurs chevaux s'arrêter tout court; plusieurs furent renversées avec leurs chevaux, d'autres furent démontées, mais aucune ne put
rester en selle. Le sol éprouva si peu de repos après la grande secousse, que
du 20 février au 4 mars on compta plus de trois cents secousses. La conduite
admirable et l'extrême hospitalité des habitants de Concepcion allégèrent
beaucoup l'excès de la misère. L'assistance mutuelle s'établit partout sur une
grande échelle. Et que de belles actions restées dans l'oubli! Ceux qui les
premiers purent se procurer un abri, rassemblèrent autour d'eux tous ceux
auxquels ils purent venir en aide, et dans l'espace de quelques jours on eut
des abris temporaires sous lesquels les malheureux souriaient à leurs misères
et à leurs costumes qui se trouvaient souvent réduits à une chemise. »

J'ajoute à ceci les impressions très concordantes d'un autre témoin
oculaire, le docteur Vermoulin, également cité par Perrey :

« Je me trouvais dans le corridor de ma maison, appelant un de mes
domestiques pour qu'il m'apportât de l'eau; il sortit aussitôt de la cuisine
suivi de trois autres qui tous criaient à la fois : « Tremblement! »

« Je m'aperçus effectivement que la terre tremblait et comme je ne
m'empressais pas de sortir, les domestiques n'interrompaient leur cri de
Misericordia! que pour me supplier au nom de Dieu de me rendre dans la cour.

« Cependant le tremblement augmentait de force; il y avait à peu près
quarante secondes qu'il avait commencé, quand je me décidai à me rendre
dans une partie de la cour où il n'y avait aucun danger à courir. Ma démarche
pour arriver à cet endroit était celle d'un homme ivre. Je m'assis aussitôt par
terre et je commençai à éprouver la sensation désagréable qui précède le
vomissement causé par le mal de mer.

CONCEPCION.

« Le mouvement augmenta de force durant une minute et demie à peu près. Pendant ce temps, j'observai deux rangées de peupliers d'Italie qui se trouvaient devant moi, et quoiqu'ils eussent, à 3 pieds au-dessus du sol, 15 pouces environ de diamètre, ils se ployaient comme des roseaux, dans une direction différente de celle des oscillations de la terre.

« Alors, pendant un intervalle de trois secondes environ, le tremblement sembla diminuer; mais tout à coup il redoubla de force et, en moins de deux secondes, il devint tellement violent que la terre ressemblait à une mer agitée.

« En sept ou huit secondes, la maison et la plupart des édifices qui m'entouraient furent renversés; je n'entendis ni leur chute, ni les hurlements des domestiques qui se trouvaient autour de moi, tout était étouffé par le bruit affreux du craquément de la terre, bruit dont il est impossible de se former une idée exacte. Je ne puis le comparer qu'à celui que feraient, dans une rue de peu d'étendue, trois cents individus battant à la fois de la grosse caisse et du tambour, avec accompagnement du serpent d'église.

« Au moment où je vis tomber la maison, la terre se fendit à mes pieds en deux endroits différents.... La maison que j'habitais semblait s'être aplatie. »

. . . .

Le temps, qui était très beau lorsque se produisit la catastrophe, continua d'être clément, le ciel resta serein jusqu'au 24, et la pluie ne tomba que le 25.

« Ce peu de jours suffirent, dit le docteur Vermoulin, pour que chacun se procurât un abri; et comme dès le troisième jour le marché fut abondamment pourvu de vivres, les habitants reprirent leur gaieté et leur insouciance naturelles. Un fait suffira pour s'en convaincre. Le mauvais temps me fit rester dans la chaumière où était logée la famille de l'un de mes amis; des voisins appartenant à la classe des artisans passèrent une partie de la nuit à danser au son de la guitare, sans s'inquiéter des oscillations de la terre qui se faisaient sentir à chaque instant. »

« Talcahuano, 20 février 1835. — A Talcahuano, la grande secousse fut aussi violente que dans la ville de Concepcion. Elle eut lieu à la même heure et d'une manière tout à fait identique. Trois maisons seulement, bâties sur le roc, échappèrent au désastre général à l'inverse de toutes celles qui se trouvaient sur le sol de sable meuble qui s'étend depuis la baie jusqu'aux collines. Mais à peine les habitants étaient-ils remis des pénibles sensations de ces secousses désastreuses, qu'on répandit le bruit que la mer se retirait! On n'avait pas oublié Penco[1] et la crainte d'une vague, qui pouvait inonder tout le pays, fit sauver, en toute hâte, toute la population vers les collines.

---

1. Ancienne capitale de la Province de Concepcion, naguère submergée par la mer.

« Une demi-heure environ après la secousse, lorsque la plus grande partie
de la population avait gagné les hauteurs, — alors que la mer s'était tellement
retirée, qu'elle avait laissé à sec tous les navires qui se trouvaient à l'ancre,
même ceux par 7 brasses d'eau, et que tous les rochers et les récifs de la
baie étaient à nu, — une vague énorme passa rapidement le long de la côte
occidentale de la baie de Concepcion et balaya devant elle tout ce qui pouvait être mis en mouvement. Avec une hauteur verticale de 30 pieds au-dessus
de la marque des plus hautes eaux, elle passa par-dessus les navires et les
fit tourbillonner comme de simples barques, inonda la plus grande partie de
la ville, et dans sa retraite, aussi impétueuse qu'un torrent, entraîna à la mer
tous les objets mobiles que le tremblement avait amassés dans les monceaux
de ruines. Au bout de quelques minutes, les navires se trouvèrent à sec de
nouveau, et l'on vit une seconde grande vague s'approcher avec un plus grand
bruit et une impétuosité plus considérable que la première. Si les effets en
furent moins désastreux, ce fut simplement parce qu'il y avait moins à détruire.
La mer baissa de nouveau, entraînant avec elle quantité de charpentes, les
matériaux les plus légers des maisons, et laissant à sec les bâtiments.

« Après quelques minutes d'une attente effrayante, on vit une troisième
vague plus énorme encore que les deux premières rouler entre Quiriquina
et le continent. Elle rugissait comme si elle eût heurté contre des obstacles,
entraînait tout ce qu'elle rencontrait sur la côte qu'elle ravageait et recouvrait de ses eaux. Puis tout à coup, comme si elle eût été dédaigneusement
repoussée du pied par les collines, elle se retira entraînant avec elle une si
immense quantité d'objets qu'elle enlevait aux maisons, des meubles, des
cloisons, qu'après sa retraite la mer parut toute couverte de débris.... »

Les bâtiments ne périrent pas; il n'y eut que 80 personnes tuées et
quelques centaines de blessés, grâce aux avertissements donnés par la
première secousse et par le souvenir d'un raz de marée destructeur, qui
donna des ailes aux riverains et les fit se réfugier à temps sur les hauteurs
d'où ils observèrent, non pas tranquillement, mais sans péril de mort,
l'effrayant phénomène qui consommait la ruine de leurs maisons. Quelques-
uns, lorsque la mer parut avoir repris son calme, s'en allèrent explorer les
ruines de ce qui leur avait appartenu; mais la plupart craignant le retour du
fléau demeurèrent sur les collines. Aussi les malfaiteurs, toujours plus hardis
que les honnêtes gens, purent-ils là, comme en tant d'autres lieux, chercher
à faire leur fortune de la ruine d'autrui. On ne relate point cependant de
scènes de sauvagerie. Le narrateur dit seulement : « Aussitôt après le
désastre, les voleurs se mirent à l'œuvre, criant « miséricorde », d'une main
se frappant la poitrine et de l'autre exerçant leur coupable industrie. »

Les grandes vagues venant de la mer parurent avoir été divisées, à l'entrée de la baie de Concepcion, par l'île de Quiriquina, et avoir subi deux directions différentes : l'une le long du bord occidental vers Talcahuano, l'autre à l'est vers San Tome.

Le tremblement de terre de 1835 fut accompagné de manifestations si violentes des volcans de la Cordillère, avec des éruptions considérables, d'énormes émissions de laves, qu'il doit être considéré lui-même comme l'une de ces manifestations. Les observations faites sur-le-champ, de même que celles auxquelles les savants se livrèrent ensuite, ne laissent aucun doute à ce sujet. Deux explosions furent constatées dans la baie de Concepcion au moment de l'irruption des grandes vagues : « L'une au large, au delà de l'île de Quiriquina, fut vue par M. Henri Burdon et sa famille, qui se trouvaient alors sur un grand bateau près de Tomé ; elle leur apparut comme une colonne de fumée noire en forme de tour. Une autre s'éleva au milieu de la baie de Saint-Vincent[1], comme celle que lancerait une baleine colossale. Sa disparition fut accompagnée d'une trombe qui dura quelques minutes. Elle était creuse et convergeait vers un point central, comme si la mer se fût engouffrée là dans une cavité du sol. Au moment de la catastrophe et jusqu'après les grandes vagues, l'eau parut en ébullition sur tous les points de la baie ; des bulles d'air ou de gaz s'en échappaient rapidement. L'eau devint noire et exhala une odeur sulfureuse extrêmement désagréable. Des poissons morts furent laissés en grande quantité sur le rivage ; ils paraissaient avoir été empoisonnés. Une eau noire comme de l'encre sortit du sol en plusieurs endroits. Dans la cour de M. Evans, à Talcahuano, le sol se souleva en forme de grande vessie, puis creva et laissa échapper une eau noire, fétide et sulfureuse. Dans les environs de Concepcion, on remarqua de semblables éruptions qu'on décrit de la même manière. »

Dupetit-Thouars, dans le *Voyage de la Vénus*, qui dura de 1836 à 1839, a raconté tout ce séisme de 1835. Il a pu en outre donner des renseignements précis sur un grand fait dont les témoins n'avaient pu en donner de mesures : il s'agit du soulèvement permanent d'une partie de la côte chilienne. Je consigne ce fait, suivant le conseil d'Édouard, qui le déclare de la plus haute importance et je le retrouverai pour en tirer parti quand il s'agira de chercher les causes et de décrire les résultats des tremblements de terre.

Charles Darwin, qui se trouvait au Chili, dans la ville de Valdivia, située entre l'île de Chiloé, qui fut violemment ébranlée, et le foyer du phénomène à Concepcion, a aussi fort étudié toutes les circonstances du séisme, ainsi que toutes les éruptions volcaniques qui s'y rattachèrent.

1. Au sud de la baie de Concepcion, dont elle n'est séparée que par la presqu'île de Talcahuano.

« L'activité de la chaîne des volcans voisins, dit-il, le soulèvement du sol autour de Concepcion, et l'éruption sous-marine à Juan Fernandez, — une colonie pénitentiaire, contenant 500 convicts, — ont eu lieu simultanément et ont été des parties d'un seul et même grand phénomène. » On a consigné des détails fort curieux sur cette éruption de Juan Fernandez, mais j'ai pour le moment assez à faire avec les tremblements de terre, sans recueillir encore les faits innombrables relatifs aux volcans. Je ne dois que constater la simultanéité très ordinaire de ceux-ci avec les séismes.

IV. — LA JAMAIQUE

Sommaire : Fréquence des séismes dans l'île. — Un ministre protestant sauvé de la mort par une pipe de tabac. — Port-Royal ravagé. — Élan religieux d'une population impie. — Un cimetière dépouillé de ses morts. — Sinistrés dévorés par des chiens.

On dit que les habitants de la Jamaïque sont si parfaitement résignés aux tremblements de terre, qu'ils en attendent un par an.

Nous avons une intéressante relation du cataclysme du 19 février 1688, par Sloane, qui vit les meubles remuer autour de lui, « comme si l'on avait ébranlé les fondements de la maison ». « Je regardai par la fenêtre, dit-il, pour voir ce que c'était : le premier objet qui se présenta à mes yeux furent les pigeons qui dans mon colombier avaient leurs ailes déployées et pouvaient à peine se tenir sur leurs pattes. Je compris d'abord que c'était un tremblement de terre et, comme j'étais dans une maison bâtie de briques, je gagnai promptement la porte de ma chambre pour me sauver; mais les secousses cessèrent avant que je puisse arriver à l'escalier. La terre fut ébranlée à trois reprises différentes dans le temps d'une minute, et l'on entendait un bruit sourd et souterrain. Ce tremblement se fit sentir par toute l'île. Un de mes amis étant alors dans ses plantations m'a assuré avoir vu le terrain s'élever comme les flots de la mer, en avançant toujours vers le nord, autant qu'il avait pu l'observer par le mouvement des arbres placés sur les montagnes à quelques lieues de lui [1]. »

Ce n'était qu'un prélude. Les jours d'épouvante furent vraiment quatre ans plus tard.

Je trouve en appendice du volume de M.DCC.LII, déjà cité, — *Histoire des Tremblements de Terre arrivés à Lima, capitale du Pérou, et autres lieux, avec la description du Pérou, et des recherches sur les causes physiques des Tremblements de Terre, par M. Hales, de la Société Royale de Londres, et autres*

---

1. *La Jamaïque*, t. I. Introduction, p. 44.

Physiciens, traduite de l'anglois, — la lettre d'un ministre protestant en résidence à la Jamaïque, lors du terrible séisme de juin 1692, qui ravagea l'ile et abîma Port-Royal. Le ministre décrit fort bien ce qui s'était passé sous ses yeux. Il est, d'ailleurs, tout à fait dépourvu de charité chrétienne pour ses tristes ouailles, car il les traite comme elles le méritent; en outre, dans ce grand désastre, il ne perd pas un seul instant de vue sa précieuse personne.

Première lettre, en date du 22 juin 1692 :

« Mon cher Ami, je ne doute nullement que les lettres et les gazettes ne vous aient déjà appris les désordres arrivés dans cette ile, par un tremblement de terre des plus effrayants, que nous avons essuyé le 7 du courant et qui a renversé presque toutes les maisons, les églises, les sucreries, les moulins et les ponts dans toute l'étendue de ce pays. Il a bouleversé les rochers et les montagnes, et détruit les plantations tout entières qu'il a précipitées dans la mer. Malgré tant et de si grands ravages, le Port-Royal a encore senti le plus vivement les effets de ce terrible phénomène. C'est pourquoi je m'attacherai particulièrement à vous détailler les funestes circonstances relativement à cet endroit, pour mieux vous faire connaitre le danger où j'étais exposé, et combien peu je devois espérer d'en échapper.

« Le mercredi 7 juin, au sortir de l'église où je venois de lire l'office, comme je l'ai fait exactement tous les jours depuis que je suis recteur du Port-Royal, afin d'entretenir au moins quelque lueur de religion parmi ces habitants les plus impies et les plus débauchés qu'il puisse y avoir, je me fus promener près de l'église, dans un endroit où s'assemblent ordinairement tous les négociants. J'y trouvai le président du Conseil qui gère maintenant en chef jusqu'à ce que nous ayons un nouveau Gouverneur. Il m'aborda et m'engagea à prendre avec lui un verre de vin en attendant le dîner.

« Nous sommes trop amis pour que je puisse le refuser : je l'acceptai donc; sur quoi il alluma sa pipe qu'il fit durer assez longtemps, et ne le voulant pas quitter qu'il ne l'eût finie, nous tardâmes trop pour que je puisse aller dîner chez un de mes amis qui m'en avoit invité : c'était le capitaine Ruden, dont la maison a été engloutie dans la terre et dans les abymes de la mer où il a péri avec sa femme, sa famille et tous ceux qui étoient allés dîner chez lui, dès les premiers chocs du tremblement : c'en étoit également fait de moi, si je m'y étois trouvé.... »

(Cette terrible histoire pourrait s'intituler l'*Inexactitude récompensée*. Elle m'a fait voir avec une netteté saisissante les apprêts du festin chez ce brave capitaine Ruden. Sa femme peut-être s'était tourmentée parce que le cuisinier se mettait en retard, et certainement parce que quelques petites choses avaient cloché dans le couvert....)

Le ministre continue :

« Mais revenons au Président et à sa pipe. Avant qu'il l'eût finie, je sentis la terre rouler et s'agiter sous mes pieds. Je lui demandai ce que cela vouloit dire, à quoi il me répondit d'un air tranquille et avec sa gravité ordinaire : « C'est un tremblement de terre, n'ayez pas peur, il sera bientôt passé »; mais il augmenta, au contraire; et dès ce moment, nous entendîmes tomber l'église et la tour : ce qui nous fit promptement penser à nous sauver. Je le quittai aussitôt pour gagner le fort Morgan, où je me croyois d'autant plus en sûreté, que dans une place aussi vaste et aussi étendue je n'avais rien à appréhender de la chute des maisons; mais, en y allant, je vis la terre s'ouvrir et engloutir une foule de peuple et la mer s'élever vers nous, et se déborder par-dessus les fortifications.

« Je perdis alors le peu d'espérance qui me restoit d'en pouvoir échapper, et résolus aussitôt de revenir chez moi pour y attendre la mort en aussi bon état que je le pourrois. Pour y aller de l'endroit où j'étois, j'avois deux ou trois petites rues fort étroites à traverser. Les maisons et les murailles tomboient de toutes parts à mes côtés; il me roula même quelques briques sur les pieds, mais sans me blesser. Arrivé chez moi, j'y trouvai tout dans le même état que je l'avois laissé; et de tous les tableaux que j'avois, dont il y en avoit quelques-uns de fort beaux, il n'y en avoit pas seulement un de dérangé. Je passai sur un balcon pour voir en quelle situation étoit notre rue; il n'y avoit pas seulement une maison endommagée, et la terre n'y avoit pas souffert la moindre secousse. Sitôt que le peuple m'aperçut, chacun m'appela : je descendis pour aller prier avec eux et, arrivé au milieu de la rue, chacun me prit par mes habits, m'embrassa : tous enfin me serrèrent si étroitement que je manquai de tomber par leurs caresses. Je vins cependant à bout de les faire prosterner et, tous ensemble à genoux, nous fîmes un grand cercle dans la rue. Je priai avec eux près d'une heure en cette posture; mais au bout de ce temps je me trouvois si fatigué et accablé de la chaleur du soleil, que je n'y pouvois plus tenir, si l'on ne m'eût apporté une chaise. Pendant tout ce temps la terre étoit tellement agitée de nouveaux mouvements et de secousses continuelles, qu'elle rouloit, pour ainsi dire, comme les lames de la mer; enfin, elle étoit dans une agitation si brusque, qu'en faisant mes prières, je me pouvois à peine tenir sur les genoux.

« Je restai encore environ une demi-heure au milieu d'eux à leur rappeler leurs crimes et leurs dérèglements et à les exhorter, le mieux qu'il me fut possible, de se repentir, et de faire de sérieuses réflexions, pour en profiter à l'avenir. Il survint alors quelques-uns de nos marchands qui m'engagèrent à m'en aller reposer en rade, et me dirent qu'ils avoient un canot pour m'y faire porter. La mer avoit déjà entièrement englouti le quai et toutes les belles maisons qui y étoient bâties, dont la plupart étoient aussi belles que celles de Cheapside ; elle avoit même gagné jusqu'à deux rues au-dessus : ce qui m'obligea à gagner le toit de quelques maisons qui étoient de niveau à la surface de l'eau, d'où j'entrai dans un petit canot pour m'embarquer ensuite dans un long boat, qui me mit à bord du navire le *Siam-Merchant.* J'y trouvai le Président fort tranquille, qui fut charmé de me voir ; enfin j'y passai la nuit, mais sans pouvoir seulement fermer l'œil, à cause des secousses du tremblement qui se réitéroient presque d'heure en heure, et qui faisoient continuellement rouler avec un bruit insupportable tous les canons qui étoient à bord.

« Le lendemain je fus de navire en navire, voir les blessés et les personnes mourantes, et rendis les derniers devoirs à plusieurs personnes, dont les cadavres venoient à flot, de la pointe. Telles ont été mes préoccupations depuis que je suis à bord de ce vaisseau, où j'étois allé à dessein de m'embarquer pour l'Angleterre ; depuis, nous n'avons eu que tremblements, éclairs, tonnerres et mauvais temps. D'ailleurs ces habitants sont si endurcis dans le crime et la débauche, que je ne me sçaurois résoudre à y rester. Le jour même que ce terrible tremblement de terre arriva, la nuit ne fut pas plutôt venue, qu'une troupe de coquins et de débauchés, de ces scélérats qu'on appelle flibustiers, furent enfoncer les magasins et les maisons où il ne se trouvoit personne, pour piller et emporter ce qui se trouvoit chez leurs voisins, quoique la terre tremblât encore sous eux, et qu'ils vissent une partie de leur clique écrasée au milieu d'eux pendant le temps de leur brigandage.

« Je suis allé deux fois à terre, pour y faire les prières avec ceux qui étoient blessés et mourants, et pour baptiser les enfants ; j'y ai reconnu les mêmes dérèglements, les mêmes yvrogneries, les mêmes blasphèmes qu'auparavant. Je ne puis le taire à leur confusion ; je ne puis excuser non plus les Magistrats d'avoir permis qu'une pareille méchanceté soit parvenue à un tel excès. J'ai fait entièrement du mieux qu'il m'a été possible, pour m'acquitter de mon devoir tant que j'ai resté, et je remercie Dieu de n'avoir rien à me reprocher de ce côté-là.... »

« Le jour de ce terrible événement, continue notre excellent Ministre, — qui malgré son contentement de soi était sans doute un très brave homme, faisant son devoir sans enthousiasme, mais le faisant, — le temps fut très beau, et même trop beau pour qu'on eût pu soupçonner le moindre accident. Cependant en trois minutes, environ sur les onze heures et demie du matin, le Port-Royal, la plus belle ville de toutes les Colonies Angloises, le meilleur endroit et le lieu le plus commerçant de cette partie du monde, abondant en toutes sortes de richesses, fertile en tout, le Port-Royal, dis-je, en trois minutes fut renversé, détruit, englouti, et en plus grande partie absorbé dans la mer, qui en peu de temps l'aura bientôt inondé; car il y a maintenant très peu de maisons qui aient pu jusqu'à présent y résister : l'on en entend tomber tous les jours, et tous les jours la mer les mange de plus en plus. L'on pense qu'il est au moins péri 1 500 personnes, tant sous les ruines des maisons que dans les fentes de la terre et par le débordement de la mer. »

Et dans une autre lettre, écrite six jours plus tard :

« Dans toute cette rade, on ne voit actuellement que des cadavres de gens de toute condition, de tout âge et de tout sexe, livrés sans funérailles à la fureur des flots. Le tremblement a entièrement détruit et bouleversé notre cimetière, a ouvert tous les tombeaux qui y étoient en très grand nombre; et la mer a arraché de terre le reste des carcasses de ceux qui y avoient été enterrés.

« Il y a eu des rues entières englouties dans les ouvertures de la terre, qui, en se refermant, en ont écrasé tous les habitants : on a même trouvé quelques-uns enfouis jusqu'au cou, et dont la tête restoit libre sur la surface de la terre; les chiens en ont mangé quelques-uns; on a recouvert les autres de terre et de poussière.... »

J'ajoute ceci relatif à juin 1692 et pris dans le petit volume sans nom d'auteur que j'ai précédemment cité [1] :

« Plusieurs vaisseaux qui étaient dans le port furent entraînés par la fureur des eaux, et la frégate *Le Cygne*, qui était sur la côte pour être radoubée, fut emportée par-dessus les toits des maisons qui s'écroulaient : elle y passa sans être renversée, et servit de retraite à plusieurs centaines de personnes. Le major Kelley, témoin oculaire, dit que la terre s'ouvrit et se referma subitement en plusieurs endroits, et il vit quantité de monde s'enfoncer en terre jusqu'au milieu du corps et d'autres jusqu'au cou. Les montagnes qui s'éboulaient faisaient un vacarme épouvantable qui s'ajoutait au bruit souterrain. Quoique la mer fit le plus gros du mal, le bouleversement des montagnes était si effroyable que des esclaves qui y avaient fui leurs maîtres revinrent aux plantations, que peut-être ils ne retrouvèrent pas, du moins à la place où ils les avaient laissées. L'une d'elles, située à Yellows, sur le flanc d'une montagne qui se fendit en deux, fut transportée à une lieue de là. On dit que deux montagnes, situées entre Saint-Jacques et l'Allée de Seize Milles, se joignirent et arrêtèrent le cours de la rivière, qui déborda et inonda plusieurs forêts des environs. La place resta pendant quelque temps couverte d'un lac qui se dessécha, mais sans laisser aucuns vestiges humains. »

1. *Histoire des anciennes révolutions du globe terrestre*, La Haye, 1757.

TROISIÈME PARTIE

LA SCIENCE

AVERTISSEMENTS AUX SAVANTS ACTUELS

Sommaire : Théories d'Anaxagore, d'Anaximandre et de Démocrite. — Aristote et le vent souterrain. — Pline et son *Cantique à la Terre*. — Prédictions séismiques d'Anaximandre et de Phérécyde. — Sénèque et son appréciation des « anciens ». — Lucrèce et la ruine de Sidon. — Les théories japonaises : le grand poisson souterrain.

Aristote nous apprend qu'avant lui il y avait déjà eu trois théories des tremblements de terre. Moins l'homme est informé, plus il est pressé de se donner une explication des choses qui l'ont frappé et de la faire accepter par autrui. Donc, Anaxagore de Clazomène, Anaximandre de Milet et Démocrite d'Abdère avaient trouvé, chacun pour soi, la cause des séismes que, quoique Grecs, ils n'appelaient point ainsi. Un annotateur d'Aristote ajoute à ces noms : Thalès de Milet, Archélaüs, Diogène d'Apollonie et Métrodore de Chios; du moins avaient-ils émis quelques vues sur le sujet.

Aristote réfute fort bien les systèmes de ses devanciers. Il traite même l'explication d'Anaxagore de naïve : le vieux philosophe, en effet, rend l'Éther responsable du mal; pour Démocrite, c'est la pluie, et pour Anaximène, c'est la sécheresse : la montagne desséchée se brise, et ses fragments, en tombant sur le sol, secouent la terre. Aristote et les Romains adoptèrent cette opinion, que c'est l'air introduit dans la terre qui la fait trembler.

« Par elle-même, dit-il, la terre est sèche; mais, par les pluies, elle acquiert beaucoup d'humidité intérieure. Il en résulte qu'échauffée par le soleil et le feu qu'elle a dans son sein, il se forme tant au dehors qu'au dedans d'elle beaucoup de souffle ou de vent. Tantôt ce souffle s'échappe tout entier au dehors d'une manière continue; tantôt il s'écoule tout entier en dedans et, d'autres fois, il se partage. Si donc, il est impossible qu'il en soit autrement, il ne resterait plus après cela qu'à rechercher quel est, entre tous les corps, celui qui est le plus capable de donner du mouvement. C'est nécessairement celui qui, par sa nature, va le plus loin et qui est le plus violent. Le plus violent est celui qui, dans sa course, est animé de plus de vitesse ; car c'est celui dont le choc est le plus fort, à cause de sa rapidité. Or le corps qui naturellement va le plus loin est celui qui peut le plus aisément traverser toutes choses ; et c'est le corps le plus léger qui remplit cette condition. Par conséquent, si la nature du vent est bien telle en effet, c'est le vent qui est le plus moteur de tous les corps, car le feu, lorsqu'il est réuni avec le vent, devient de la flamme et il a un mouvement rapide. Ce n'est donc ni l'eau ni la terre qui est la cause du tremblement ; ce serait le vent, lorsque celui qui s'est évaporé, se trouve refluer au dedans. »

Le nom d'Aristote m'impressionne et puis, il a sur tant de choses des idées si magnifiques et si vraies, que je demande à Édouard si cette théorie est acceptable. Mon ami se met à rire et me répond :

« En aucune façon ». Puis il ajoute, me voyant songeur : « Les raisonnements d'Aristote ont servi de modèles aux Romains et aux écrivains du moyen âge. Pline le Naturaliste les adopte, comme un alchimiste de couvent.

— Parce qu'elles sont géniales.

— Le génie a souvent fait prendre à l'esprit humain de fausses directions. Une théorie, pour avoir quelque solidité, doit s'appuyer sur des faits nombreux : les anciens n'avaient pas eu le temps d'en recueillir. Ils ignoraient le monde plus que nous ne faisons.

— Et l'expliquaient bien plus aisément.

— Sans doute, parce que des observations ne venaient pas leur donner des doutes et des démentis. Quel malheur qu'Aristote ne vive pas de nos jours ! »

Cette réflexion prouve la foi de mon ami dans la Science actuelle.... Qui sait si, dans deux mille ans, les penseurs ne hausseront pas les épaules de ce que nous écrivons.... Mais si cette réflexion n'était pas une plaisanterie, elle serait décourageante pour un jeune homme qui cherche à se rendre compte des phénomènes du monde. Agissons comme si la vérité était nécessairement due à nos efforts.

Il est très curieux de constater combien le vrai et le faux servent à Aristote pour construire son système et l'étayer de toutes parts. Édouard, à qui je fais lire un certain nombre de passages, convient que beaucoup de systèmes d'aujourd'hui ont l'air d'être exactement calqués sur celui-là. Aristote savait un grand nombre des particularités des tremblements de terre. Il en connaissait les lieux d'élection, du moins dans les pays les plus proches de lui ;

il cite donc les côtes de l'Hellespont, l'Eubée, l'Achaïe, la Sicile. Il mentionne les bruits souterrains, les jaillissements d'eau, l'étendue, la force des secousses; tantôt, elles sont comme une sorte de frisson, et tantôt comme une pulsation de bas en haut. Et il n'est pas un phénomène qui ne serve sa théorie.

Futur géologue, à ce que prétend Édouard, je ne peux me défendre de transcrire ici le merveilleux passage, le Cantique de Pline à la Terre :

« Seule, entre toutes les choses de la nature, elle a mérité, par tous ses bienfaits, qu'on lui donnât le nom sacré de mère. Elle appartient aux hommes comme le ciel à Dieu; naissants, elle nous reçoit; nés, elle nous nourrit; une fois venus à la lumière du jour, elle nous sert toujours de support; enfin elle nous embrasse dans son sein lorsque nous sommes déjà séparés du reste de la nature, nous couvrant alors surtout comme une mère; sacrée, puisqu'elle nous rend nous-mêmes un objet sacré; portant nos monuments et nos inscriptions, faisant durer notre nom, et étendant notre mémoire au-delà du court intervalle de notre vie.... »

Nous répondons aux bienfaits de la Terre, en la déchirant. Si, n'ayant pas encore lu Pline, j'entendais citer ce passage : « S'il y avait des enfers, depuis longtemps les souterrains creusés par le luxe et l'avarice les auraient mis à découvert.... » ne serais-je pas tenté de l'attribuer à Rousseau, ainsi que le reste de la page?

Et il faudra que je rappelle à Édouard ces mots qui lui feront plaisir :

« Parmi les crimes de notre ingratitude je compterai aussi notre ignorance de la Terre. »

Suit une dissertation sur la forme ronde de la Terre et sur les antipodes, sur la place de la Terre dans l'univers, sur les éclipses, sur le jour et la nuit, puis le grand auteur arrive à notre sujet. L'observation est parfaite, encore qu'en ce temps-là on met la légende au même plan qu'elle. Et, comme dans Aristote, la théorie tient d'autant plus de place dans le sujet que les notions manquent pour l'établir. L'imagination va vite en besogne, quand elle est seule à travailler.

« D'après les opinions des Babyloniens, les tremblements de terre, les gouffres qui s'ouvrent, ainsi que tout le reste, sont dus à l'action des astres, mais seulement de ces trois astres auxquels ils attribuent la foudre; ces phénomènes arrivent quand ces corps célestes sont avec le soleil ou dans un des principaux aspects, particulièrement en quadrature. Le physicien Anaximandre de Milet eut, si nous ajoutons foi au bruit qui en court, une inspiration admirable et digne d'une mémoire éternelle, lorsqu'il annonça aux Lacédémoniens qu'ils eussent à prendre garde à leur ville et à leurs maisons;

qu'un tremblement de terre était imminent. Et, en effet, la ville entière fut renversée, et une partie considérable du mont Taygète qui, coupé en forme de poupe, dominait Sparte, s'écroula et augmenta le désastre. On attribue à Phérécyde, le maître de Pythagore, une autre prévision également divine. De l'eau ayant été tirée d'un puits, il pressentit et prédit qu'en ce lieu un tremblement de terre allait se faire sentir Si ces récits sont vrais, quelle différence trouvera-t-on entre la Divinité et ces hommes, à l'immortalité près? Au reste, j'abandonne ces récits à l'opinion de chacun. Quant à la cause, je ne doute pas qu'elle ne réside dans les vents. En effet, la terre ne tremble jamais que lorsque la mer est assoupie, et le ciel tellement tranquille que le vol des oiseaux ne se soutient pas par défaut d'un souffle qui les porte; elle ne tremble non plus qu'après qu'il a régné des vents dont le souffle a pénétré dans les veines et les cavités secrètes du globe terrestre. Le tremblement est pour la Terre ce qu'est le tonnerre pour le nuage; les abîmes qui s'ouvrent sont l'analogue de la nue qui se fend : le souffle renfermé lutte et fait effort pour se délivrer.

« La Terre éprouve donc des secousses variées, et des changements singuliers s'opèrent : ici les murailles sont renversées, là elles s'abîment dans des gouffres profonds; tantôt des masses se soulèvent, tantôt des rivières nouvelles surgissent; parfois apparaissent des feux ou des sources chaudes; ailleurs, le cours des fleuves est détourné. Le tremblement est précédé et accompagné d'un bruit terrible, semblable tantôt à un murmure, tantôt à des mugissements ou à des clameurs humaines, ou au fracas d'armes qui s'entre-choquent; cela dépend des qualités de la matière excipiente, et de la forme des cavernes ou des souterrains par lesquels le son chemine.... Souvent aussi un bruit se fait entendre sans tremblement. Les secousses ne sont pas simples; mais c'est un mouvement d'oscillation et de vibration. Les gouffres qui s'ouvrent, tantôt restent béants et montrent ce qu'ils ont englouti, tantôt se referment; et le sol se rejoint si exactement, qu'il ne reste pas trace des villes dévorées et des montagnes englouties. Les plages maritimes sont particulièrement sujettes à ce fléau, qui n'épargne pas cependant les contrées montagneuses. Je sais par ma propre expérience que les Alpes et l'Apennin ont tremblé.

« Les navigateurs reconnaissent aussi les tremblements de terre par un phénomène qui ne leur laisse pas de doutes : sans un souffle d'air le flot se soulève subitement, ou bien le bâtiment reçoit un choc. Les objets placés dans les navires tremblent comme dans les maisons et avertissent par leur cliquetis. Les oiseaux restent perchés, non sans terreur.... Dans les puits, l'eau se trouble et contracte une odeur nauséabonde.

« Jamais tremblement de terre n'a ébranlé la ville de Rome sans annoncer quelque catastrophe imminente [1]. »

« Examinons donc la cause qui ébranle la terre jusque dans ses fondements, voyons quelle puissance est capable d'émouvoir une masse aussi pesante ; quelle est la force aussi prépondérante pour secouer par sa propre énergie un aussi énorme fardeau ; pourquoi la terre tantôt s'agite, tantôt s'affaisse sur elle-même, tantôt se sépare et s'entr'ouvre ; pourquoi les intervalles de ses écroulements sont quelquefois plus longs, quelquefois brusques et précipités ; pourquoi elle engloutit des fleuves célèbres par leur grandeur ou en fait sortir de nouveaux de son sein ; fait jaillir des sources d'eaux chaudes, ou en refroidit d'autres qui avaient été chaudes auparavant, lancé des feux par les ouvertures inconnues jusqu'alors d'une montagne et d'un rocher ou éteint des volcans fameux pendant plusieurs siècles par leurs éruptions.

... « Les tremblements de terre changent la face entière des pays, transportent les montagnes, exhaussent les plaines, comblent les vallées, font sortir de nouvelles îles de la mer. Les causes de ces grandes révolutions méritent d'être approfondies. Quel sera, direz-vous, le fruit de cette étude ? Le plus grand qu'on puisse se proposer, la connaissance de la Nature. »

Ne voilà-t-il pas une excellente introduction à un traité de science séismologique ?

Les causes.... L'homme tout de suite veut les savoir.... Disons leur fait et rendons justice à nos ancêtres qui eurent l'audace de croire les avoir trouvées :

« Il faut d'abord vous prévenir que les opinions des anciens sont peu exactes et informes. Nos ancêtres erraient encore autour de la vérité, tout était nouveau pour des hommes qui faisaient les premières expériences : nous avons perfectionné leurs découvertes, et nous leur devons même les découvertes que nous avons faites depuis. Il fallut bien du courage, pour oser écarter les voiles de la Nature, aller au-delà du coup d'œil superficiel qu'elle nous permet, et pénétrer les secrets de la Divinité. C'est avoir beaucoup contribué aux progrès des découvertes, que de les avoir crus possibles. Il faut donc écouter les anciens avec indulgence ; rien n'est parfait en commençant. Je ne parle pas seulement de la matière obscure et compliquée que nous traitons, qui, même, après bien des découvertes, en laissera encore beaucoup à faire aux âges suivants : c'est en tout que le commencement est bien loin de la perfection. »

Qui parle ainsi des « anciens », avec tant de respect et de hauteur ?... Berthelot,

1. Pline, liv. Ier.

ou l'un de ses disciples? Non : c'est Sénèque, il y a plus de dix-huit siècles. Quel avertissement aux savants d'aujourd'hui! Et aussi quelle leçon de courage : « C'est avoir beaucoup contribué aux progrès des découvertes que de les avoir crus possibles ».

Sénèque, comme Pline, se range, en somme, à l'idée d'Aristote que c'est l'air qui produit les tremblements de terre.

Lucrèce, dans son livre VI, après avoir cité les tremblements de terre qui causèrent la ruine de Sidon et qui ravagèrent l'Achaïe, donne sa théorie du phénomène.

« O combien ces violentes sorties de vents, et ces tremblements de terre inopinés ont-ils renversé de villes! Plusieurs murailles en sont tombées, et plusieurs villes ont été abîmées dans la mer avec leurs citoyens. Que si les souffles ne sortent point de furie, ils se dispersent par les fréquentes ouvertures de la terre, comme le froid de la fièvre, lequel se glisse dans nos membres par les pores, leur cause le frémissement, et les contraint de trembler. »

Les anciens usaient beaucoup de la comparaison et elle est une des sources les plus magnifiques de leur poésie ; mais elle leur était d'un secours trop facile et par conséquent illusoire dans leurs théories scientifiques.

Ayant pris l'opinion des grands hommes, nous devons au Japon, le pays le plus secoué du monde, de noter l'opinion qui est toujours légendaire ou populaire sur la question. La terre repose sur le dos d'un énorme poisson qui, lorsqu'il remue une partie quelconque de son corps, secoue la partie du pays qui y touche : c'est le tremblement de terre. Une divinité bienfaisante, assise sur la tête du poisson, le maintient ordinairement au repos. Mais la divinité a des moments de distraction, dont profite, pour se dégourdir un peu, le poisson fatigué.

Les anciens savants japonais donnaient du phénomène une explication qui ne valait guère mieux que celle du peuple : La terre est percée de trous, comme un rayon d'abeilles, mais communiquant entre eux. Au contact de l'eau, l'air s'échauffe et, s'il rencontre de l'air froid, il produit des trépidations qui cessent, lorsque l'air chaud, condensé en feu, s'échappe dans l'atmosphère.

Une autre théorie met en jeu les deux fluides universels, l'eau et le feu, *in* et *yo*. Les choses vont bien tant que *in* et *yo* sont répartis uniformément, mais si *in* s'oppose à la libre circulation de *yo*, la terre se gonfle, s'agite sous l'effort de *yo* qui veut se libérer et qui finit par s'échapper en crevassant le sol, qu'il a ébranlé et qui parfois s'affaisse au point de permettre à la mer de l'envahir.

CHAPITRE PREMIER

LES CAUSES DES TREMBLEMENTS DE TERRE

Le printemps était venu. Albert Durozier avait à peu près achevé sa petite étude historique sur les tremblements de terre. Il avait ainsi suivi les habitudes de son esprit dans un sujet si nouveau pour lui. Pour comprendre certains passages des livres qu'il consultait, il lui avait fallu recourir plus d'une fois à son ami Édouard qui, en pareil cas, ne manquait jamais de lui dire qu'il n'échapperait pas à la Science, à laquelle il lui faudrait, tôt ou tard, demander toutes les lumières dont elle dispose.

« Tous les historiens, tous les métaphysiciens, disait Édouard, te laissent dans l'obscurité. Ils te font des discours, des récits, comme si tu n'avais pas des yeux pour voir toi-même la nature. Oui, vraiment, ils te traitent en aveugle, qui doit s'en rapporter au témoignage d'autrui. Et beaucoup d'entre eux sont aveugles eux-mêmes, et ce sont ceux-là qui prétendent guider les autres! Quel jour commences-tu la géologie? »

Et comme Albert, inquiet de se voir au pied du mur, baissait le nez sans répondre, Édouard ajouta :

« Tu viens en promenade dimanche avec moi. Oui, mon ami : aux environs de Paris, dans une campagne autrefois charmante, actuellement trop bâtie et un peu près de la grand'ville trop élargie, qui a l'indiscrétion de lui envoyer çà et là des détritus : j'ai nommé Vanves et Meudon.

— Tu me tends un piège, dit Albert.

— Non, car tu n'y tomberais pas. Je te dis donc tout bonnement qu'il s'agit d'une excursion géologique avec le Muséum.

— Avec le Muséum, avec l'une des plus hautes institutions scientifiques du monde!... Tu veux donc me faire chasser, comme indigne.

— Mon ami, c'est toi qui plaisantes, car tu sais aussi bien que moi le droit de tous à l'enseignement supérieur. On suit une excursion avec le Muséum, comme on entre dans ses amphithéâtres ou dans ses galeries, comme on va au Musée du Louvre. On regarde, on écoute, on prend des notes; rentré chez soi, on complète ses informations à l'aide du livre, et si l'on n'est pas un imbécile, on s'est perfectionné l'esprit. Le public qui suit les cours et les excursions du Muséum est composé exactement comme celui qui va jouir des trésors des Musées : il y a des étudiants, des professionnels, des amateurs, des très jeunes et des vieux. Le goût de savoir vient de bonne heure à l'homme bien organisé, et ne le quitte qu'avec la vie. A cent ans, M. Chevreul se vantait d'être le doyen des étudiants de France. Et aussi voit-on beaucoup de têtes grises dans les cours publics. Je trouve M. Jourdain un sot parce qu'il fait le gentilhomme; mais il me touche quand il en veut à son père et à sa mère de ne lui avoir pas fait apprendre ce que c'est que la prose.

— J'ai déjà remarqué que tu as beaucoup de littérature, Édouard.

— Je crois que tu ne trouverais guère de savants ou d'apprentis savants complètement étrangers aux lettres et aux arts, tandis que la plupart des littérateurs et des artistes sont ignorants des sciences comme autant de carpes. C'est une infériorité.

— Tu n'es pas généreux... Je te fais un compliment, et...

— Je te remercie par une vérité : c'est toi qui me redois... Bref, nous faisons tous deux cette excursion.

— Je suis ignorant. Quelles autres conditions faut-il remplir?

— Tu t'inscris au laboratoire de Géologie, si tu veux avoir une réduction de 50 p. 100 sur le chemin de fer. Pour aller à Meudon ce n'est vraiment pas la peine. Tu feras bien d'être chaussé solidement, comme pour la chasse, car les carrières sont souvent escarpées et glissantes. Pour les attaquer, tu te muniras d'un marteau, dont je te ferai présent, afin que tu l'aies conforme au modèle du Muséum.

— C'est tout?

— Tu peux prendre aussi un parapluie, car en nos climats le printemps est incertain. »

Tout à fait rassuré par la simplicité de cet appareil, Albert fut exact au rendez-vous des géologues, qui étaient plus de quatre-vingts, et il admira que tant de gens consacrassent leurs dimanches à une étude sévère. Il y avait quelques dames : aussi tout ce monde se montrait-il de fort bonne compagnie.

Albert a écrit de cette journée une relation qu'on lira avec profit.

On se pressait autour du Professeur pendant les explications, on lui faisait des questions, on le priait de déterminer des échantillons; on rivalisait d'ardeur dans le jeu du marteau, dans la récolte des fossiles ; on se chargeait de pierres qui, à la fin de la course, étaient assez lourdes pour lester un petit navire. Je ne ramassai rien : il me suffisait d'écouter, en cette première rencontre de la Géologie, pour bien occuper mon temps.

Au delà et tout près de la porte de Vanves, se présenta une énorme carrière d'où l'on extrayait de la terre à faire des briques, des tuyaux. Cette « argile plastique », comme on la nomme, constitue, sous la colline où est construit le lycée, un dépôt de plus de dix mètres d'épaisseur, d'un gris ardoisé et d'une grande uniformité de composition.

Elle s'est formée, nous dit le professeur, dans un grand lac qui couvrait le pays « au début de l'époque tertiaire ».

Les excursionnistes ramassèrent dans le bas de la formation des petites coquilles pétrifiées et comme dorées par des cristallisations qui les recouvraient.

« Tu vois, me dit Édouard, qui en faisait provision, que ces coquilles ressemblent beaucoup aux mollusques les plus communs de nos étangs. »

Mais ce qui me fit réfléchir ce fut de voir l'argile recouverte par de nombreuses assises de pierre à bâtir, de « calcaire grossier » tout aussi épais que l'argile et véritablement criblé de cavités qui sont des moulages de coquilles marines ; on y reconnaît des bucardes, des palourdes, des huîtres qu'on serait tenté de confondre avec les mollusques que la mer rejette sur la plage à Dieppe, au Pouliguen, et ailleurs.

Et comme Édouard voyait mon étonnement :

« Oui, mon ami, des formations marines à Vanves, dans le département de la Seine, et par-dessus des dépôts lacustres. »

Le professeur expliqua le fait par la faculté dont jouit le sol, en conséquence des traits les plus généraux de la structure de la Terre, de s'abaisser et de se soulever alternativement dans la même région, d'ailleurs à la faveur de temps si formidablement longs que rien, dans toute la durée de l'histoire, ne peut en donner une idée. Quand le point considéré est ainsi soulevé au-dessus du niveau général de la mer, et que, par conséquent, il est continental, il peut devenir le réceptacle d'eau de ruissellement qui y forme un lac; quand il s'abaisse suffisamment, la mer envahit le pays et apporte avec elle tous les êtres qu'elle nourrit et dont les dépouilles s'accumulent sur son fond.

Édouard, qui était fort bien avec le professeur, me présenta à lui, en lui disant un mot de l'étude à laquelle je me livrais.

« Vous venez de voir, dit le démonstrateur, un exemple de l'instabilité du sol, très différent des tremblements de terre. Vous constaterez plus tard que la cause des deux phénomènes est la même. D'ailleurs, nous allons, dans cette excursion, trouver d'autres témoignages des vicissitudes de la surface terrestre. »

Et, en effet, après avoir quitté Vanves, et fait au travers d'Issy un trajet assez long, au cours duquel on vit réapparaître le « calcaire grossier », on arriva, sous le grand viaduc des Moulineaux qui porte le chemin de fer de Chaville et de Versailles, en présence d'une roche blanche tout à fait différente de celles qu'on avait déjà vues.

On expliqua qu'il s'agissait de la « craie blanche », c'est-à-dire de la substance même qui forme toute l'épaisseur des grandes falaises bordant notre rivage sur la Manche depuis Étretat, dans la Seine-Inférieure, jusqu'au Bourg-d'Ault, dans la Somme. Cette craie se continue non seulement sous le calcaire grossier, mais même sous l'argile plastique, et l'on sait qu'elle a plusieurs centaines de mètres d'épaisseur. On y observa d'innombrables pierres très dures, irrégulières et tuberculeuses, nommées « rognons de silex ».

En présence de cette nouvelle roche, la leçon porta sur les changements incessants qui se produisent spontanément dans l'épaisseur de la Terre où il se défait sans cesse des composés variés, en sorte que la masse de notre planète ressemble à la masse d'un être vivant dans laquelle des fonctions harmonieusement associées les unes aux autres, manifestées par des dispositions spéciales donnant l'idée de véritables organes, déterminent pour la planète les étapes successives d'une évidente évolution. Ainsi, bien que les silex fussent empâtés dans le sein de la craie, ils étaient en réalité plus jeunes qu'elle : ils avaient pris naissance dans sa masse, par la très lente circulation des liquides qui l'avaient imprégnée et qui avaient déposé les matières qu'elle contenait autour de certains « centres d'attraction ». Actuellement la craie continue de se produire, et on la trouve en voie de formation quand on ramène par la drague des échantillons du fond de nos plus grands océans. Il est probable que, dans le milieu de l'Atlantique, par exemple, le dépôt n'a pas cessé de s'épaissir, depuis l'époque où se formait la craie des Moulineaux (qui dans ce temps-là étaient à une grande profondeur sous la mer) jusqu'au jour où nous sommes.

Les débris de fossiles sont nombreux dans la craie; les uns sont dans la roche blanche; les autres sont engagés plus ou moins complètement dans les silex : aucun ne ressemble aux coquilles fournies par le calcaire grossier, en sorte qu'on doit croire que dans l'intervalle qui s'est écoulé entre le dépôt du « blanc de Meudon » et celui du « calcaire grossier », les animaux marins avaient été remplacés par des formes nouvelles.

La course se termina par une charmante traversée des bois de Bellevue, dont le sol est formé de « sables de Fontainebleau » où, dit le Professeur, on peut retrouver, au moins par places, des « dunes fossiles ».

Enfin, on s'arrêta avec plaisir au plateau supérieur dans une sorte de café champêtre « construit sur les couches de la meulière de Beauce ».

Quand nous nous retrouvâmes sur le pavé de Paris, je dis à Édouard :

« Tu ne m'avais pas trompé : la structure de la Terre doit donner lieu à l'une des plus passionnantes études que l'on puisse faire.... Mais il faudrait s'y consacrer tout entier et les auteurs qui firent les délices de toute ma vie continuent de me solliciter. Je n'aurai pas le courage de les abandonner.... Et, d'autre part, j'avoue que l'épaisseur des terrains à connaître me décourage. »

Édouard se mit à rire :

« Je n'ai pas l'intention de faire de toi un « fort » en stratigraphie. J'ai voulu seulement aujourd'hui te donner une idée de l'étoffe de la Terre, te montrer en quoi consiste une roche, une couche, un fossile. Et maintenant, en deux heures de conversation, nous pourrons, si tu le veux, pénétrer ensemble jusqu'aux parties ignées de la croûte terrestre.

— Je ne demande pas mieux, répondis-je, et dès ce soir, puisque tu dînes avec nous. »

Édouard remonta d'un coup d'épaule le sac bourré d'échantillons qui lui pesait :

« Il y a temps pour tout : ce soir, nous ennuierions tes parents, et je ne veux pas te donner une indigestion de géologie, — ni en prendre une. Viens me chercher demain à six heures au laboratoire. Par le bateau, nous gagnerons, pour nous nourrir, — moins fastueusement que chez toi, — quelque guinguette de Saint-Cloud. Alors, je te dirai tout ce que je sais moi-même des profondeurs chaudes de l'écorce terrestre. »

Ainsi fut fait. Nous n'étions pas encore embarqués pour notre voyage en Seine, qu'Édouard parlait déjà.

« Qu'est-ce que tu remarques sur la température de ta cave ?

— Qu'elle est froide en été, chaude en hiver.

— Tu sais que cette différence n'est qu'une illusion, la cave est protégée contre les variations des saisons par la couche du sol qui lui est supposée.

— Je le sais. Je sais qu'il y a un certain niveau peu profond....

— A quinze mètres environ....

— Où la température reste toujours la même.

— Oui. Es-tu descendu dans une mine ?

— Dans une mine de houille, à Saint-Étienne, et c'est un des mauvais jours de notre histoire à papa et à moi. Un ingénieur de ses amis lui avait fait la mauvaise plaisanterie de lui offrir cette petite partie de plaisir…. O mon ami, que nous eûmes chaud, et que nous fûmes sales!… Il fallut nous nettoyer le tour des yeux avec du beurre!

— Je voulais te faire dire que tu eus chaud, malgré les ventilateurs. Si tu étais descendu plus bas, tu aurais souffert davantage de l'élévation de la température. Dans certaines mines profondes, il faut se garer des flaques d'eau dans lesquelles on pourrait se brûler cruellement.

— Les eaux minérales chaudes doivent venir de très bas.

— Tu comprends à demi-mot. Mais elles n'auraient pas permis de mesurer l'accroissement de la température souterraine, parce qu'on ne sait pas de quelles couches du sol elles nous viennent, tandis qu'avec les puits artésiens nous sommes mathématiquement renseignés. Tu n'ignores pas qu'un puits artésien est un trou de sonde qui va rechercher, dans la profondeur, une nappe d'eau jaillissante. Or, quand on arrive à trente mètres au-dessous de la première couche à température constante, on trouve que la température s'est accrue de 1° centigrade; pour 60 mètres, de 2°; pour 90 mètres, de 3°, et cela d'une façon très régulière, sous n'importe quelle latitude. Le puits de Grenelle, qui est à 540 mètres de profondeur, donne de l'eau à 28°,8, ce qui fait 18° de plus que dans la zone à température fixe. En d'autres termes, à chaque approfondissement de 1 mètre correspond un accroissement thermométrique d'un trentième de degré ou de 0°,033.

« On aura donc un accroissement de 33° pour 1 kilomètre, et par conséquent de 330° pour 10 kilomètres, de 990°, approximativement 1 000°, pour 30 kilomètres, par conséquent 2 000° à 60 kilomètres de la surface.

— Soixante kilomètres, la hauteur de dix Himalayas les uns par-dessus les autres!…

— Ce n'est rien, comparé à la masse du globe : seulement le centième de son rayon. Or, à la température de 2 000°, aucune roche, aucun minéral ne conserve son état solide.

— Et tu fais intervenir le feu souterrain, dont je savais l'existence, ne fût-ce que pour avoir lu Aristote.

— Ne t'en fais pas une idée trop précise, ne va pas trop vite, plus vite que mon violon, et ne prenons que cette conclusion : la portion solide du globe est réduite à une véritable pellicule, faisant sur la planète la figure de la coquille sur un œuf de poule. A l'intérieur, toute la substance terrestre est fluidifiée, pour mieux dire, à un état physique inconnu.

— Eh! m'écriai-je, ce n'est pas solide une coquille d'œuf : le bec du poussin en a raison. Je ne m'étonne pas que les Titans, enfermés par Jupiter dans les prisons souterraines, fassent de temps en temps trembler et éclater les parois.

— La science est plus grandiose que la poésie, reprit Édouard. On n'a pas besoin d'inventer les Titans quand on sait que la Terre est un soleil en voie de refroidissement.... Pour comprendre notre système planétaire, il nous faut remonter à la nébuleuse primitive.

— C'est bien loin, mais tu m'intéresses tant que je ne te demanderai pas de passer au déluge.

— Tu as regardé le ciel : l'as-tu bien compris?

— Les cieux racontent la gloire de Dieu, murmurai-je en latin.

— Le Soleil, notre père, n'est qu'à 148 millions de kilomètres de nous. Les étoiles ses sœurs, qui selon toute vraisemblance, mais sans qu'on en sache rien, ont comme lui leurs enfants, — des planètes, — sont dans des lointains tels que pour la plupart on ne saurait exprimer leur distance. Je te dirai seulement que, parmi les plus voisines, Sirius est à 132 milliards de kilomètres; l'Étoile polaire, à 288 milliards de kilomètres; la Chèvre, à 680 milliards de kilomètres. Les étoiles nous paraissent innombrables, et cependant elles ne sont qu'une faible portion de l'univers. En dehors d'elles, l'espace est empli d'objets indécis, nuageux, que l'on appelle pour cette raison des *nébuleuses*.

— Pouvons-nous les apercevoir à l'œil nu?

— As-tu remarqué, au travers de la constellation d'Andromède, une très faible lueur, que les premiers astronomes ont comparée à « une flamme de chandelle vue au travers d'une lame de corne ».

— Non, et le ciel est couvert, dis-je avec dépit; je ne pourrai pas la chercher ce soir.

— Observée au télescope, cette nébuleuse devient une multitude d'étoiles que le prodigieux éloignement où nous sommes rapproche les unes des autres et confond ensemble. Le spectroscope nous a appris qu'elles sont composées des mêmes éléments que nos constellations, et que notre Soleil. « La flamme de chandelle » affaiblie est le reflet de la seule nébuleuse que nous puissions voir à l'œil nu ; mais les télescopes montrent que le ciel en est rempli. On en a observé plus de six mille dans la seule portion du ciel observable à Paris.

— Je comprends que le ciel donne le vertige....

— Notre système solaire dépend non pas de ces nébuleuses, mais d'une autre que tu connais bien, la *Voie lactée*.

— Pour mes vieux poètes, c'est la tache de lait faite par Junon nourrice.

Le lait est une source de vie, comme ta nébuleuse.... Les anciens ont tout deviné.

Édouard haussa les épaules : il méprisait un peu les anciens, qui, selon lui, rabaissaient la nature avec leurs petits symboles.

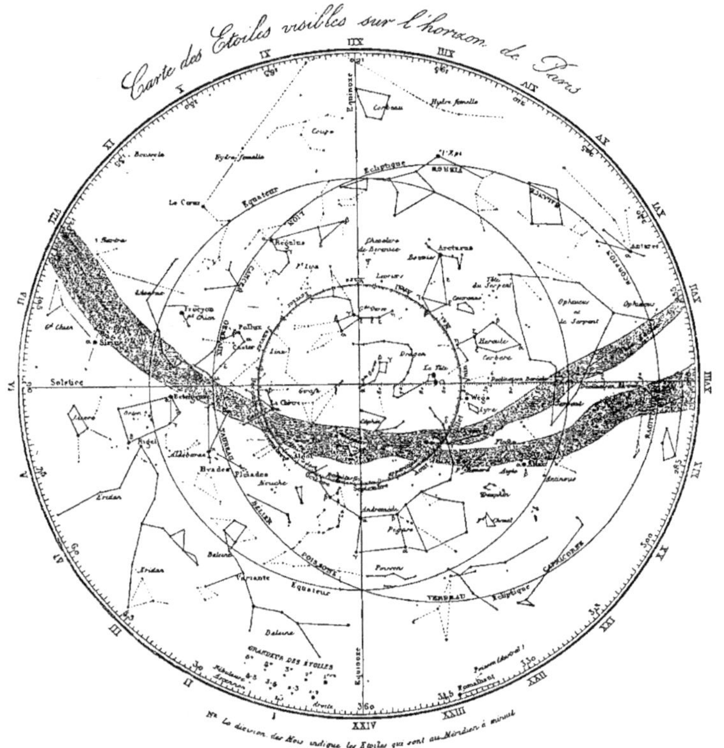

LA VOIE LACTÉE DANS L'HÉMISPHÈRE BORÉAL.

Dans la Voie lactée, — cette nébuleuse quelconque, — il y a des milliards de milliards d'étoiles, dont le Soleil est l'une quelconque. L'une quelconque des planètes qui gravitent autour de lui est la Terre, qui n'est ni la plus petite ni la plus grosse, ni la plus éloignée ni la plus rapprochée du centre du système, et sur laquelle, toi et moi, des hommes quelconques, nous vivons à une époque quelconque....

— Bon ! je présume que tout ceci est pour me faire entendre que nous ne sommes rien du tout.

— Sans doute : il faut s'en rapporter au mot de Pascal : « La grandeur de l'homme est grande de ce qu'il se connaît misérable ». La nébuleuse primitive, — et ici nous allons entrer dans la théorie de Laplace....

— Évidemment, interrompis-je, pour ces choses si grandes et si inaccessibles, on a de belles explications dans le goût de celles d'Aristote.

— Tu souris.... Et tu dis vrai.... Cependant, nous sommes armés du télescope et du spectroscope, moyens puissants d'investigation.

— Les anciens avaient des données que nous ignorons. N'est-il pas admirable qu'Aristote dise que la Terre est une sphère et qu'il se préoccupe de la question des antipodes ?....

— Et je reviens à mon idée : que j'aimerais bien avoir Aristote pour contemporain, Aristote avec le télescope.

— Voyons cette théorie de Laplace.

— Il suppose donc, pour expliquer la formation du système solaire, la nébuleuse primitive, ou matière cosmique, suffisamment éloignée dans l'espace de tout centre d'attraction et composée d'une substance infiniment ténue dont les particules, animées de vitesse inégale, pourraient se disperser à la longue, si leurs attractions mutuelles ne les tenaient agglomérées. Sous l'influence de ces attractions, la matière cosmique se ramasse dans un espace de plus en plus petit, et à mesure qu'elle se condense, une partie du mouvement qui l'anime se convertit en chaleur ; la masse entière s'échauffe donc, et même assez pour devenir faiblement lumineuse.

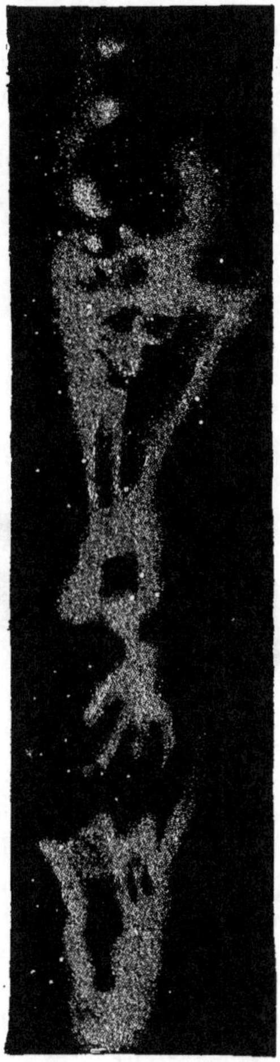

« La condensation, continuant toujours, devient prépondérante au sein de la nébuleuse. En même temps, il se produit, dans la masse, des tourbillonnements que l'on peut assimiler à de véritables trombes intestines.

VOIE LACTÉE DANS L'HÉMISPHÈRE AUSTRAL, D'APRÈS J. HERSCHEL.

« Les mouvements giratoires se coordonnent peu à peu, et la masse tourbillonne sur elle-même avec un ensemble qui peut l'amener à prendre un mouvement de rotation comparable à celui d'une toupie « qui dort ».

« A ce moment, la forme générale de la nébuleuse, plus ou moins sphéroïdale, est aplatie, et son mouvement de rotation s'accomplit autour de son diamètre le plus court.

« Plongée dans l'espace froid, elle perd à chaque instant de sa chaleur d'origine ; à chaque instant aussi elle se contracte en obéissant aux forces intérieures qui la sollicitent.

« Cet incessant retrait produit un double effet : d'une part, le mouvement de rotation s'accélère ; de l'autre, la nébuleuse s'aplatit de plus en plus. Nous l'avions assimilée à un sphéroïde ; il faut maintenant la comparer à une lentille.

« Le retrait continuant et la vitesse augmentant, une rupture se détermine circulairement tout le long de l'équateur, d'où se détache un vaste anneau de vapeurs ardentes qui peu à peu se rompt, se ramasse, se pelotonne. Cette pelote, qui décrit une orbite embrassant la nébuleuse, sera la planète Neptune.

« La nébuleuse poursuit son retrait ; le mouvement s'accélère

LAPLACE, AUTEUR DE LA THÉORIE ADOPTÉE POUR L'ORIGINE DU SYSTÈME SOLAIRE.

encore ; un nouvel anneau se détache, qui se rompt comme le premier et, en s'agglomérant, donne le rudiment de la planète Uranus.

« De nouveaux retraits, de nouveaux accroissements de vitesse, de nouveaux anneaux, de nouvelles ruptures, donnent successivement Saturne, Jupiter, l'astre détruit d'où dérivent probablement les astéroïdes, planètes télescopiques, puis Mars, puis la Terre, puis Vénus, enfin Mercure. Il ne reste plus qu'une masse sphérique qui constitue notre Soleil. »

— On n'a pas fait d'objections à cette théorie ?

— Oh ! si ; mais elles n'ont conduit qu'à modifier des détails dont nous n'avons pas à nous embarrasser. L'essentiel pour nous est de savoir que la Terre et le Soleil, formés de la même substance, ont la même composition.

Plus petite, la Terre se refroidit plus vite. Le Soleil un jour sera ce qu'elle est aujourd'hui, elle a été dans le passé ce qu'il est maintenant. Sa surface s'est couverte d'une pellicule, d'une croûte condensée, elle s'est refroidie assez pour s'assombrir peu à peu. Elle a fini à la longue par perdre toute lumière propre.

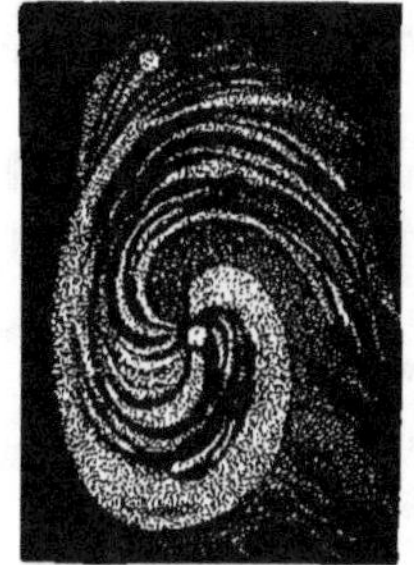

NÉBULEUSE DES LÉVRIERS COMME EXEMPLE D'AMAS D'ÉTOILES TOURBILLONNANT AUTOUR D'UN CENTRE.

« La croûte d'abord condensée n'est pas l'épiderme du globe. Ce fut une cloison établie entre le noyau interne toujours lumineux et les matières moins denses qui, gazéifiées par une énorme chaleur, formaient ce qu'on appelle l'atmosphère. Elle fut le point de départ d'une double formation : à l'intérieur, elle s'accrut sans cesse en épaisseur par suite de la solidification successive des parties sous-jacentes ; à l'extérieur, elle reçut les uns après les autres, dans un ordre déterminé par leur degré de volatilité, les produits condensables que renfermait l'océan gazeux. Soumise à des efforts variés, elle se rompit souvent, elle se déforma et s'accidenta, et la matière fluide interne s'échappa, par les fissures, en éruptions plus ou moins importantes. La planète Jupiter pourrait être en ce moment le théâtre de phénomènes de ce genre. Son atmosphère énorme est à chaque instant le siège de remous gigantesques.

« En même temps que se poursuivaient ces phénomènes et que la croûte se consolidait, elle subit extérieurement la double action d'une intense chaleur et d'une énorme pression : la pression de la haute atmosphère qui lui était superposée. Aussi, les masses qui constituaient cette croûte prirent-elles des caractères que la fusion simple ne saurait donner : le granit et le gneiss paraissent être les représentants lithologiques les plus importants de cette période.

« Pendant la formation de ces roches, l'épaississement ininterrompu de la paroi qui les séparait du foyer incandescent a fait que la température externe s'est abaissée progressivement. Il vint un moment où l'atmosphère, débarrassée de ses parties les plus denses, laissa déposer, à l'état liquide, les eaux qu'elle retenait en vapeurs. Ainsi se fit la première mer, dont les eaux, saturées de toutes les

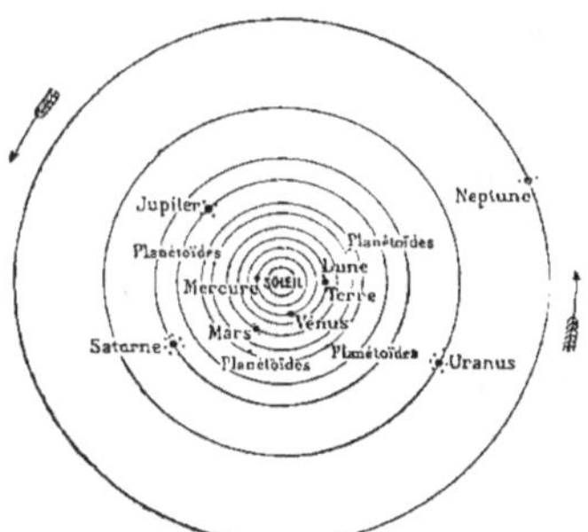

SITUATION RELATIVE DES DIFFÉRENTES PLANÈTES COMPOSANT LE SYSTÈME SOLAIRE.

matières solubles et portées à une température considérable, réalisèrent des réactions chimiques variées, aux dépens des masses qui constituèrent son bassin.

« Les bossellements de la surface se continuèrent, et les premiers continents apparurent. A peine formés, ils subirent les attaques des flots, qui les désagrégèrent peu à peu et transportèrent leur matière pulvérisée dans les bas-fonds où s'accumulèrent ainsi les premiers sédiments.

« Sans cesse, ce puissant mécanisme fonctionna et il fonctionne encore sans répit : les fonds de mer se soulèvent et deviennent des continents; les continents s'affaissent et deviennent les fonds de mer : mouvements alternatifs qui rappellent ceux d'une poitrine gigantesque. Et la formation de nouvelles couches stratifiées, la désagrégation partielle des couches d'ancienne formation, suivirent leurs cours, toujours déplacées et jamais interrompues.

« C'est ainsi que peu à peu les conditions de la surface se modifièrent et s'adoucirent. Les eaux de la mer, qui étaient bouillantes, devinrent tièdes; et l'air, maintenant transparent, laisse arriver jusque dans ses profondeurs la lumière du Soleil. Un phénomène nouveau se déclara : l'apparition de la vie organique.

« On peut dire qu'arrivé à ce point, le globe est parvenu à la plénitude de ses forces, à sa perfection.

— Ah! dis-je, avec le soupir d'un homme oppressé par trop de révélations, j'ai presque peur...

— Nous voici arrivés, ainsi que nous en avertissent les odeurs de friture de l'aimable Bas-Meudon. Le bon dîner de la gargotte te remettra d'aplomb.

— Ce qui m'étonne, répondis-je, toujours en proie à mon idée, c'est qu'il n'y ait pas pire encore que les tremblements de terre sur cette coquille d'œuf, cette peau d'orange, qui nous sépare du terrible foyer.

— N'exagère pas. D'ailleurs, le sol parisien est fait d'épais et solides dépôts, sans cassures récentes...

— Quand je dis que j'ai peur, ce n'est pas pour ma vie : c'est parce que j'éprouve l'horreur sacrée, dont parlent les anciens. »

Cette horreur sacrée s'évapora — heureusement — dès que je fus à table. Je mangeai de fort bon appétit, en oubliant les convulsions de ce globe mal refroidi. Mais quand, au café, les cigarettes furent allumées, je fis une question qui me valut une nouvelle dissertation du zélé Édouard :

« J'avais déjà été très frappé hier par ce qu'a dit notre professeur des soulèvements et des affaissements du sol. Tu as très bien précisé l'idée vague que cette première explication m'avait donnée. Est-ce qu'il y a encore aujourd'hui de ces mouvements lents du sol?

COLONNES DU TEMPLE DE SÉRAPIS A POUZZOLES, AUPRÈS DE NAPLES, PRÉSENTANT DES TÉMOIGNAGES DE LA MOBILITÉ VERTICALE DU SOL.

— Certes! Ils constituent ce qu'Élie de Beaumont a appelé les *bossellements généraux*, et on les observe de nos jours avec beaucoup de certitude. Linné et Celsius, au xviii° siècle, furent les premiers à les constater. Ayant noté la distance de certains repères fixes à la ligne littorale de la Baltique, un peu au nord de Stockholm, ils s'aperçurent, au bout d'un petit nombre d'années, que leurs mesures n'étaient plus exactes. Comme il y avait dans leurs assertions une infraction au principe, admis comme dogme fondamental, de l'immutabilité de la terre, défense leur fut faite, par le parlement d'Upsal, de continuer des recherches aussi peu orthodoxes. La vérité cependant se fit jour, et l'on reconnut que le soulèvement, qui s'accentue de plus en plus au nord de Stockholm, est remplacé au sud de cette ville par un mouvement inverse, c'est-à-dire par un affaissement de plus en plus grand à mesure qu'on va vers la Scanie. Autrement dit, cette dernière province s'affaisse progressivement au-dessous des flots pendant que la Laponie se soulève, en sorte que les choses se passent comme si la Scandinavie tout entière basculait, d'une seule pièce, autour du parallèle de Stockholm, qui jouerait le rôle de charnière.

« D'autres pays subissent des mouvements verticaux analogues, et en particulier la France. En 1875, une commission officielle entreprit de refaire la triangulation de notre pays, et l'on s'aperçut que les résultats publiés en 1806 par le géodésiste Bourdaloue étaient tous inexacts. Il n'y avait pas à suspecter l'habileté de cet opérateur, car les divergences n'étaient pas distribuées au hasard, mais s'accentuaient au contraire, ou s'atténuaient systématiquement, à mesure qu'on se déplaçait dans telle ou telle direction. La conclusion, c'est que le sol français a bougé verticalement depuis l'époque de Bourdaloue; sur les côtes de la Manche, par exemple, on constate un affaissement évident. Brest a persisté dans sa situation, tandis que Cherbourg s'est affaissé à raison de 1 millimètre et le Havre de 2 millimètres par an.

« Au sud, sur le littoral des Alpes Maritimes, le résultat est diamétralement opposé et les témoignages d'un soulèvement progressif se montrent en divers points. C'est ainsi qu'aux environs de Nice, à Beaulieu, à Villefranche, à la presqu'île de Saint-Hospice, on voit, bien au-dessus du niveau maintenant atteint par les flots, même au cours des plus violentes tempêtes avec vent du sud, des nappes de sables remplis de coquilles mortes, mais exactement semblables aux vivantes de la Méditerranée. Le même fait se rencontre sur les côtes de l'Italie méridionale, de l'Algérie, de la Tunisie, donnant lieu à ce que l'on appelle les plages soulevées[1].

---

1. Strabon, qui, au cours de son vaste travail, observait les changements de toute sorte que la nature opère à la surface du globe, réunit les preuves du soulèvement méditerranéen (a). « Si ce

(a) *Géographie*, liv. 1er.

« En résumé, la France se comporte comme la Scandinavie et bascule sur une ligne de charnière qui passe aux environs de Brest, dont l'immobilité relative

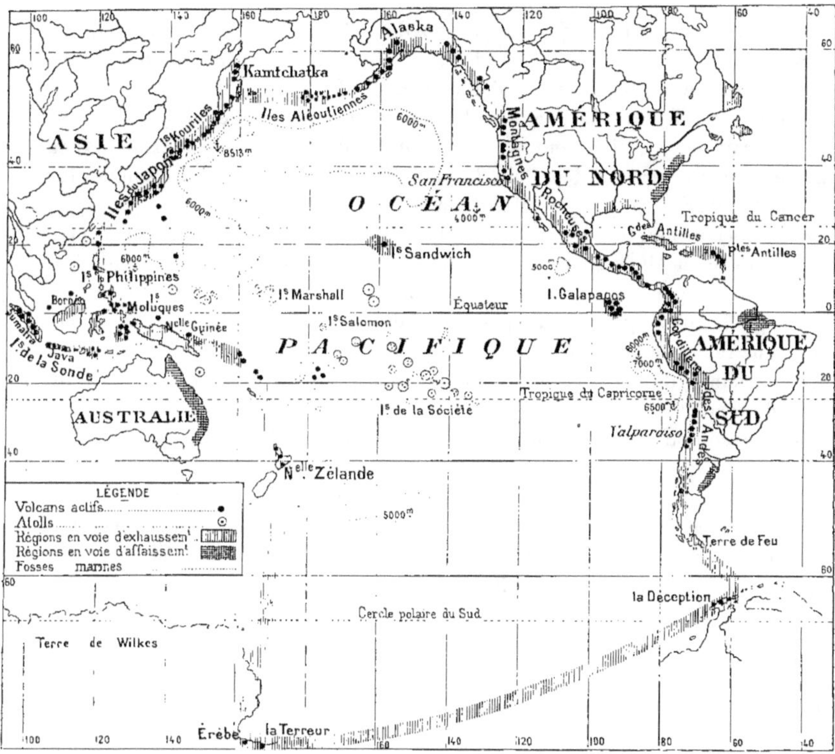

qu'on dit est vrai, le Pirée, dans le principe, aurait été aussi une île.... Nommons encore Artemita, qui, après avoir fait notoirement partie des îles Échinades, s'est rattachée au continent, comme ont fait de leur côté, et par suite des atterrissements du fleuve sur ce point, certains îlots du groupe voisin de l'Achéloüs, et comme, au dire d'Hérodote, les derniers îlots du même groupe tendent chaque jour à le faire. L'Étolie compte pareillement plusieurs caps ou promontoires, qui ont commencé par être des îles. D'autre part, dans l'île actuelle d'Asteria, on aurait peine aujourd'hui à reconnaître l'Asteris d'Homère :

« Cette île rocheuse au milieu de la mer, cette petite Astérie, avec son double port, abri sûr ouvert aux vaisseaux (a).

« Car aujourd'hui elle n'offre pas même un bon ancrage (b). »

(a) *Odyssée*, IV. — (b) *Géographie*, I.

est ainsi expliquée. Pendant que le sud se soulève avec le bassin méditerranéen, le nord s'affaisse avec l'Angleterre, les Pays-Bas, le Danemark et la
Scanie.

« Des événements analogues se passent dans l'Amérique du Nord. M. Gilbert
a observé que les rivages des grands lacs subissent des variations dues à des
mouvements de soulèvement et d'affaissement. La région nord serait en voie
d'émersion, tandis que la partie sud-ouest s'enfoncerait. Le village d'Ontario
se trouverait progressivement submergé. A Hamilton, l'élévation est de 18 centimètres par siècle; à Toledo, de 25 centimètres. La ligne d'affaissement traverse le lac Huron, puis le lac Michigan.

« A Georjan Bay, le niveau du lac a baissé de 30 centimètres par siècle et de
18 centimètres à Mackirnan. Il s'est élevé de 27 centimètres à Chicago, dont
le sol exhaussé par les remblais tend cependant à s'affaisser [1].

Les géologues, qui ne manquent pas d'emphase dans leurs expressions,
disent que les océans « émigrent » à la surface du globe.

— Passons, dis-je, aux mouvements brusques, c'est-à-dire aux tremblements de terre.

— Je reconnais bien en toi l'ardeur du néophyte. Mais je ne veux pas contribuer à te donner une indigestion de Géologie. Le Professeur que tu as
entendu hier fait, dimanche prochain, dans le grand amphithéâtre du Muséum,
une conférence sur les tremblements de terre. Allons l'entendre ensemble.
Je sais qu'il a des vues personnelles sur le sujet et, dans les dispositions où tu
es, tu ne manqueras point d'être intéressé.

---

1. *La Nature*, d'après Ciel et Terre.

CHAPITRE II

L'ÉTUDE DES TREMBLEMENTS DE TERRE.
SES RÉSULTATS GÉOLOGIQUES.

Sommaire : Une conférence publique au Muséum. — Constitution du noyau de la Terre. — Ses rapports avec la croûte du globe. — Les géoclases. — Profondeur des centres séismiques. — L'origine des montagnes.

La conférence devait avoir lieu à trois heures. Les deux amis, arrivant à deux heures et demie, parce qu'ils voulaient être bien placés, trouvèrent en rumeur les environs du grand amphithéâtre : une foule de mécontents manifestaient assez bruyamment parce que déjà les portes étaient fermées sur une salle archi-comble. Sans se déconcerter, Édouard, qui avait des intelligences dans la place, emmena son ami derrière l'édifice, et frappa avec autorité à une porte dérobée. Un garçon de laboratoire dont il était connu lui ouvrit. La consigne était de ne plus laisser pénétrer personne, mais Édouard se recommanda si énergiquement de son maître et avec tant de bonne humeur que la consigne fléchit. Le jeune homme eut encore l'adresse de se caser, non sur un banc, mais sur une marche déjà occupée, où l'on se serra pour lui et pour son compagnon. Albert était confondu de ce goût du grand public pour la Science : il y avait quinze cents personnes tassées là, et un millier d'autres demeurées dehors. Voici le résumé qu'il rapporta de cette séance :

La matière nucléaire du globe, celle qui est renfermée dans la coque solide, s'inflige à elle-même, — par la simple attraction de son propre centre de gravité, — une telle pression qu'on n'y conçoit la persistance ni de l'état liquide ni de l'état gazeux tels que nous les connaissons. Cependant il faut admettre qu'elle doit posséder quelques-unes des propriétés caractéristiques des corps fluides ou pâteux. Par exemple, en conséquence de la perte de sa chaleur originelle, elle se contracte sans changer de forme et rentre pour ainsi dire en elle-même. L'écorce solide, au contraire, obligée de suivre son support, et ne pouvant à cause de son état physique se refroidir indéfiniment, devra se déformer, s'affaisser ici, se soulever ailleurs, s'onduler en un mot, et se briser, pour se redoubler par voie de refoulements horizontaux. Ce point s'élucidera complètement par la comparaison du globe terrestre, soumis au refroidissement que lui impose l'espace stellaire dans lequel il est placé, avec le réservoir d'un thermomètre à mercure qui n'aurait pas de tige. On sait que si le thermomètre nous sert à quelque chose, c'est qu'il est composé de deux substances que le même échauffement ou le même refroidissement ne dilate pas ou ne contracte pas également. Par le froid, le réservoir est relativement plus grand que par les températures élevées. Le volume du mercure subit les modifications inverses, et c'est pourquoi le liquide monte ou baisse dans la tige graduée. Mais, si celle-ci manquait et si on avait affaire à un simple réservoir exactement rempli de mercure à une température déterminée, le moindre refroidissement produirait un vide que rien ne tendrait à remplir. Supposez que la paroi, au lieu d'être en un verre plus ou moins épais, soit d'une substance flexible ou fragile, elle se déformera ou se brisera. Or, c'est exactement ce qui se passe pour la croûte terrestre, quand le noyau qu'elle enserre se contracte sous elle. Depuis les anciens temps géologiques, le refroidissement et la contraction ont été continus. C'est là l'origine de ces grandes fissures au travers de sa masse, que l'on qualifie de *Géoclases*. On les appelle souvent *failles*, par corruption des expressions anglaises et allemandes *to fall* et *fallen* qui, comme notre mot *faillir*, signifient tomber, mais qui ne doivent être appliquées qu'à certains cas particuliers.

Il se trouve, en effet, que ces grandes cassures sont le résultat d'efforts horizontaux, consécutifs à de gigantesques refoulements éprouvés par toute l'épaisseur de la croûte terrestre, par suite de la contraction du noyau fluide interne en voie de refroidissement.

L'ouverture des géoclases est un phénomène brusque, contrastant avec les mouvements lents du golfe de Bothnie, par exemple. Il se produit, en effet, au moment de la fracture, un choc souterrain qui se traduit par une violente vibration du sol à laquelle on a appliqué le nom expressif de tremblement de terre. Toutefois le phénomène est plus compliqué qu'il ne semble à première vue et la rupture d'équilibre produite par la géoclase n'est pas la cause unique de toutes les circonstances de séismes.

En effet, l'un de leurs traits les plus constants, c'est, comme nous l'avons vu maintes fois, de se composer d'une série de secousses d'intensité inégale, en nombre essentiellement changeant d'un point à un autre et séparées par des intervalles inégaux. La répétition des chocs qui aggrave le fléau, puisque, après son déchaînement, rien ne peut indiquer qu'on en a fini avec lui ; cette répétition qui donne l'idée d'un appareil générateur capable de se recharger à mesure qu'il dépense son énergie, a excité l'ingéniosité des théoriciens.... Daubrée, entre autres, était arrivé à supposer dans les entrailles du globe des systèmes compliqués de cavités pouvant se mettre en communication temporaire les unes avec les autres et s'alimentant ainsi à plusieurs reprises de matières explosibles propres à produire les trépidations. Il allait même jusqu'à invoquer la comparaison avec l'injecteur Giffard. Mais la question est beaucoup plus simple.

Nous savons déjà que, parmi ses fonctions diverses, l'écorce terrestre remplit celle de cloison séparative entre les fluides qu'elle enveloppe et la masse externe de l'océan et de l'atmosphère. Formée de matériaux perméables, elle se laisse pénétrer par les infiltrations aqueuses appelées par la pesanteur et par la capillarité, mais seulement jusqu'à une profondeur où la température n'est pas suffisamment intense pour que l'eau n'y puisse être tolérée. L'écorce représente donc un ensemble dans lequel il faut considérer deux zones sphériques superposées, dont la plus inférieure est incandescente pendant que l'autre est mouillée.

L'ouverture des géoclases, au travers de cet ensemble, ne saurait se faire nettement et sans égrènement de leurs parois : au contraire (et l'observation directe des filons et des failles le démontre surabondamment), il se produit toujours, dans le vide qui vient de s'ouvrir, des éboulements de fragments de toutes les tailles qui, suivant les cas, descendent plus ou moins bas. Dans ces conditions, il est inévitable qu'un bloc fourni par la zone aquifère ne tombe pas quelquefois dans la région rouge de feu. On sait alors ce qui doit arriver, car l'expérience, plus fréquente qu'on n'aurait voulu, est là pour nous apprendre les propriétés explosives de l'eau ou des autres matières volatiles contenues dans les roches : un choc se produit, dont la propagation au travers des assises du sol met la surface en vibration et y développe la série d'accidents caractéristiques des secousses séismiques.

C'est à chaque instant qu'on a perçu, à la surface de la terre, les détonations souterraines et elles n'ont pas manqué, violentes et fréquentes, à Messine. Milne a noté les fortes explosions dont s'est accompagné au Japon le séisme de 1906. Pendant le tremblement de terre du 31 janvier 1894, à Zante, M. A. Issel a entendu des détonations ressemblant à des coups de canon et rappelant aussi quelquefois « le fracas des bulles de gaz qui éclatent dans les cratères volcaniques ». Même ce savant compare certains de ces bruits « à la chute des corps lourds tombant sur un sol un peu élastique et mou ». Cela fut en particulier très sensible avant la première secousse. Le microphone

23

a permis à Rossi de percevoir, pendant les trépidations volcaniques, des bruissements souterrains analogues à ceux de l'eau en ébullition.

Enfin, la détermination, tout incertaine qu'elle soit, de la profondeur des centres d'ébranlement séismiques vient corroborer encore la même interprétation, puisque cette profondeur est bien au-dessus de la limite inférieure de la croûte, ce qui prouve que la matière nucléaire n'intervient pas directement dans ces phénomènes. Par exemple, le centre du séisme de 1857 était peut-être à 8 kilomètres seulement, soit à une profondeur correspondant à la température de 240°; celui du 25 décembre 1884, en Espagne, à 11 kilomètres (333°); celui du 27 août 1886, à Charleston, à 19 kilomètres (570°). Tout à fait exceptionnellement, celui du tremblement de l'Inde en 1869 fut, d'après Oldham, à 48 kilomètres (1 240°).

Il n'est pas inutile d'insister sur le *travail* dont peut être le siège une crevasse séismique qui, en laissant choir successivement des blocs humides plus ou moins gros et à intervalles variables, expliquera toutes les répétitions possibles du phénomène; mais il est intéressant aussi de montrer que la manière de voir précédemment résumée permet de comprendre une des particularités les plus curieuses du séisme : celle qu'a le centre d'ébranlement de se déplacer progressivement et plus ou moins vite, dans une direction déterminée et qui est celle de la cassure génératrice. Une telle cassure, comparable à la fêlure d'un vase de faïence grossière, doit tendre à s'allonger dans sa direction primitive. Chemin faisant, l'allongement détermine la chute de fragments qui, chacun à son tour, engendre l'explosion motrice. De cette manière, on s'explique qu'un tremblement de terre puisse, comme on l'a vu plus d'une fois, remonter telle vallée des Alpes ou même fournir quelque itinéraire beaucoup plus long, par exemple le trajet qui sépare les îles du Cap Vert du sud de l'Espagne, puis de l'Italie méridionale, puis de la Grèce, puis de l'Asie Mineure et même de la Perse et de l'Inde.

D'après ce qui vient d'être dit, la formation des chaînes de montagnes ne peut manquer d'avoir pour effet les tremblements de terre. Pline attribue aux tremblements de terre la naissance d'îles nouvelles. La même cause fait disparaître des terres. Ainsi aurait été engloutie l'Atlantide de Platon. On voit, même actuellement, dans les séismes, le mécanisme naturel de l'orographie : dès 1851, Ami Boué formula nettement cette opinion. Édouard Suess a prétendu en faire la démonstration en 1873, en établissant que les tremblements de terre de la Calabre et de la Sicile ont leurs épicentres distribués sur un arc de circonférence développé autour des îles Lipari, archipel vers lequel convergent, comme des rayons, des cassures séismiques.

ETNA. — CREVASSE DE GUARO.
(Communiqué par la Société de Géographie de Paris.)

Déjà, dans la *Recepte véritable*, publiée en 1563, Bernard Palissy dit, en parlant du feu souterrain :

« Le dit feu se nourrit et entretient aussi sous la terre ; et advient souvent
que par un long espace de temps aucunes montagnes deviendront vallées par un
tremblement de terre ou grande véhémence que le dit feu engendrera, ou bien
que les pierres, métaux et autres minéraux qui tenoyent la base de la montagne
se brusleront et, en se consommant pour feu, la dite montagne se pourra incli-
ner et baisser petit à petit ; aussi d'autres montagnes se pourront manifester
et eslever par l'accroissement des roches et minéraux qui croissent en icelles ;
ou bien, il adviendra qu'une contrée de pays sera abysmée ou abaissée par un
tremblement de terre, et alors ce qui restera sera trouvé montueux. »

L'opinion de Bernard Palissy est d'autant plus remarquable que, bien
longtemps après lui, des auteurs ont prétendu expliquer les fossiles des pays
montagneux en supposant que la mer a été jadis plus profonde de toute la
hauteur des sommets.

Buffon, pour la combattre, expose la théorie tectonique que l'on admettait de
son temps au sujet des tremblements de terre : « Ces énormes ravages produits par les tremblements de terre ont fait croire à quelques naturalistes
que les montagnes et les inégalités de la surface du globe n'étaient que le
résultat de l'action des feux souterrains, et que toutes les irrégularités que
nous remarquons sur la terre doivent être attribuées à ces secousses
violentes et aux bouleversements qu'elles ont produits. C'est, par exemple, le
sentiment de Ray ; il croit que toutes les montagnes ont été formées par les
tremblements de terre. »

Buffon ne voit pas d'impossibilité à la chose. Ce qui l'empêche de
l'admettre, c'est la composition intérieure des chaînes de montagnes aussi bien
que leur forme extérieure. Il ne voit à leur intérieur que « des couches régulières et parallèles, remplies de coquilles ; l'extérieur, ajoute-t-il, a une
figure dont les angles sont partout correspondants ».

Mais où le grand écrivain avait-il observé les montagnes ?... Dans sa
chambre évidemment, — à son magnifique bureau, sur quelque belle gravure,
bien soignée, comme celles qui illustrent les Voyages du capitaine Cook.
Pour Buffon, les causes des tremblements de terre sont : 1° l'affaissement
subit des cavités de la terre ; 2° l'action des feux souterrains ; « lorsque les
matières qui forment les feux souterrains viennent à fermenter, à s'échauffer
et à s'enflammer, le feu fait effort de tous côtés ; et s'il ne trouve pas naturellement des issues, il soulève la terre et se fait un passage en la rejetant, ce
qui produit un volcan. Si la quantité des matières qui s'enflamment est peu
considérable, il peut arriver un soulèvement et une commotion, un tremblement de terre, sans que pour cela il se forme un volcan[1]. »

1. Buffon, *Histoire Naturelle*.

SAN FRANCISCO. — CREVASSES OUVERTES DANS LE SOL.

Prenons encore quelques opinions sur la formation des chaînes monta
gneuses.

« J'attribue, dit Boussingault[1], la plupart des tremblements de terre dans
la Cordillère des Andes à des éboulements qui ont lieu dans l'intérieur de
ces montagnes par le tassement qui s'y opère et qui est une conséquence de
leur soulèvement. Le massif qui constitue ces cimes gigantesques n'a pas été
soulevé à l'état pâteux; le soulèvement n'a eu lieu qu'après la solidification
des roches. J'admets, par conséquent, que les reliefs des Andes se composent
de fragments de toutes dimensions entassés les uns sur les autres. L'agré-
gation des fragments n'a pu être tellement stable, dès le principe, qu'il
n'y ait des tassements après le soulèvement, qu'il n'y ait des mouvements
intérieurs dans les amas fragmentaires. »

Boussingault, ainsi que Virlet d'Aoust, est d'avis que les tremblements
de terre sont d'autant plus fréquents dans les montagnes que celles-ci sont
de soulèvement plus récent[2]. D'après les travaux modernes, cette opinion
parait conforme à la réalité des choses.

Selon Darwin[3], le tremblement de terre de Concepcion marque un pas
dans l'élévation d'une chaîne de montagnes. En effet, après le séisme du
20 février 1835, le capitaine du port, divers capitaines marchands et surtout
le capitaine Fitz-Roy firent sonder la baie et divers points de la côte. Ils
trouvèrent que le fond de la baie s'était exhaussé de 3 à 4 pieds, et celui des
environs de l'île Santa Maria de 9 à 10 pieds. Une petite île, située en face
du fort Saint-Augustin, qui était auparavant sous les eaux des grandes marées,
restait depuis le tremblement de terre toujours à découvert. Le lit des
rivières parut s'être élevé. Les habitants disaient que la terre s'était suspendue. On pensa même que l'exhaussement du fond de la mer avait modifié
les courants sous-marins. Et ce fut à ce changement que le capitaine Fitz-Roy
attribua la perte de la corvette anglaise *Challenger*[4].

On peut rapprocher de ces résultats les observations recueillies lors du
tremblement de terre du 13 avril 1906, à San Francisco. Dans ce cas, les deux
parois de la cassure ouverte dans le sol subirent l'une par rapport à l'autre
un déplacement horizontal qui a poussé la lèvre occidentale vers le Nord-Est
d'une quantité égale en moyenne à 3 mètres et qui a atteint 6 mètres en
quelques points. Il y a eu en outre un déplacement vertical qui a relevé la
lèvre occidentale d'environ 1 mètre.

1. *Annales de Chimie et de Physique*, t. LVIII, 1835, p. 84. — 2. *Bull. de la Soc. Géol.*,
vol. VI. — 3. Sur la connexion de certains phénomènes volcaniques dans l'Amérique du Sud, et
sur la formation des chaînes de montagnes et des volcans comme effet de la même force qui a
soulevé les continents (*Transact. geol. Soc. of London*, vol. V, p. 601). — 4. A. Perrey, *Sur les
Tremblements de terre au Chili*, loc. cit.

En novembre 1822, à la suite d'un tremblement de terre qui renversa au Chili les villes de Valparaiso, de Quilloa et autres, une grande partie du pays se trouva élevée de 1 à 2 mètres au-dessus de son ancien niveau. Au Mexique, dans la Soñora, le 3 mai 1887, il se fit un rejet de 2 mètres, et un autre de 20 mètres le 20 octobre 1891. Des faits analogues concernent le Japon.

On a dit que, lors du dernier désastre de Messine, des fonds marins de 420 mètres se seraient relevés à 170. Le fait n'a pas été confirmé, mais des soulèvements antérieurs ont laissé leurs traces de tous côtés dans la région. Ils sont démontrés par les incrustations marines de fraîche date géologique, visibles sur les îlots basaltiques d'Aci Tressa, ainsi que sur la côte d'Acireale où elles sont à 13 ou 14 mètres au-dessus du niveau de la mer. M. Gemellaro a observé à Aci Castello deux grottes formées par la lave, déversée dans la mer, lors d'une éruption de 1199 et qui, portées maintenant à 5 m. 40 au-dessus du niveau des flots, présentent de nombreuses incrustations coralligènes.

D'un autre côté, les caractères des chaînes de montagnes peuvent fournir dans leur structure des traits instructifs quant à l'efficacité orogénique des séismes. Aussi, la disposition très inclinée sur l'horizon des grandes géoclases doit-elle être prise en très haute considération. En comparant les diverses chaînes européennes, on reconnaît que l'effort d'où elles résultent a constamment été dirigé au Nord-Ouest, et on se représente la surface de cette partie du monde comme alimentant, depuis l'aurore des temps sédimentaires, une succession de vagues rocheuses, poussées les unes derrière les autres vers un centre commun situé dans la région boréale et qu'on peut appeler le *pôle orogénique.*

Ce colossal travail s'est accompli sans doute d'une façon continue, et cependant il a donné lieu à des effets intermittents, chaque chaîne étant séparée des chaînes plus anciennes et par conséquent plus septentrionales par une région relativement plate, qui la précède, et que Suess désigne pour cette raison sous le nom de *Vorland* (avant-pays).

Quant à la cause de la poussée vers le nord, aussi manifeste en Amérique que dans le Vieux Monde, elle paraît elle-même explicable. Des expériences de laboratoire, en imitant dans ses grandes lignes le phénomène naturel, sont, en effet, capables de dévoiler, dans la matière inconnue du noyau terrestre, certaines propriétés qu'on n'aurait pu soupçonner *a priori.*

Le but de ces tentatives synthétiques était précisément d'imiter artificiellement la constitution orogénique de l'Europe. Pour cela, on employait un appareil où sont mis en présence un organe représentant le noyau contractile de la Terre et un autre imitant la croûte fragile qui lui est superposée. Comme

le caoutchouc, tout solide qu'il soit, jouit de la propriété ordinaire aux fluides
de rentrer en lui-même par contraction sans changer sensiblement de forme,
il pouvait jouer le rôle de la matière nucléaire. Une feuille très épaisse de
caoutchouc, étant donc appliquée sur une demi-sphère de bois solidement
établie, on l'étire à l'aide d'un petit treuil, de façon à en faire une calotte
pourvue d'une énergique contractilité. On moule à sa surface une coque de
plâtre gâché dans une quantité convenable d'eau. Au moment où la pâte a
acquis la consistance voulue par suite des progrès d'une *prise* commençante,
on permet au caoutchouc de revenir sur lui-même et, dans son mouvement,
il comprime vers le pôle de la demi-
sphère la calotte de plâtre déposée sur
lui. Alors ce pôle se constitue en une
sorte de butoir; il s'ouvre autour de lui

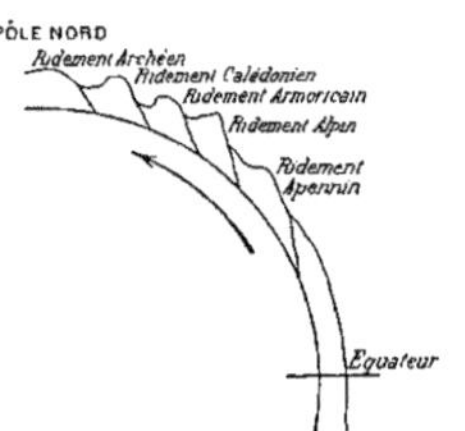

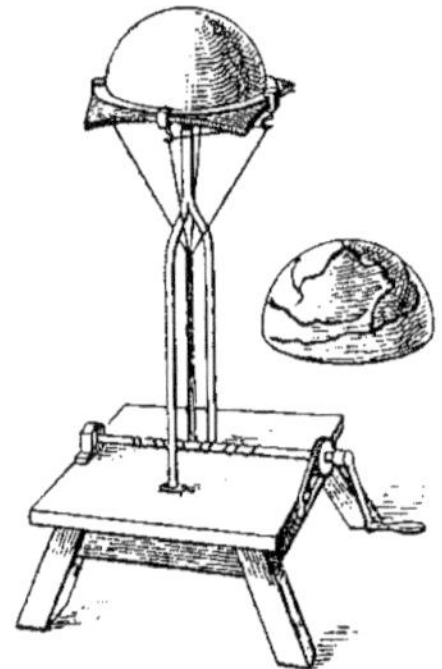

COUPE THÉORIQUE DU GLOBE MONTRANT LES REFOULE-
MENTS OROGÉNIQUES DE L'EUROPE.

REPRODUCTION ARTIFICIELLE DES GRANDS
TRAITS OROGÉNIQUES DE L'EUROPE.

une crevasse assez sinueuse, le long de laquelle il se fait une poussée rappelant, si on veut, le ridement des Alpes Scandinaves. La contraction continuant
uniformément, on voit, à la suite d'une bande restée sensiblement de niveau
(*Vorland*), s'ouvrir une deuxième cassure, avec deuxième émergence, et ainsi
de suite jusqu'à ce que la puisssance élastique du caoutchouc soit épuisée. La
forme des bourrelets successifs est très variable et parfois ils sont infléchis,
suivant les méridiens, de façon à imiter la disposition générale de l'Oural.

Des spécimens de cette reproduction artificielle des montagnes sont, m'a
dit Édouard, exposés dans la Galerie de Géologie du Muséum. J'irai les voir,
afin d'apprécier leur analogie avec les faits naturels. Je me rends bien compte
que leur témoignage n'est tout à fait valable que si on admet, chez la matière
nucléaire, une contractilité comparable à celle dont jouit le caoutchouc et
qui rappelle la viscosité de bien des substances pâteuses. On peut penser, en
effet, que lors de l'individualisation de notre planète, quand elle se sépara du
Soleil, la force centrifuge développée autour de l'axe de rotation a déterminé

le renflement équatorial par un étirement superficiel alimenté par les régions polaires. S'il en est ainsi, rien de plus naturel, quand les conditions inverses se réalisent, c'est-à-dire quand la contraction s'empare de la masse tournante, qu'une composante tangentielle ramène vers les pôles l'excès de matière dont les régions moyennes avaient bénéficié.

Cela admis, tout le mécanisme orogénique s'ensuit. On conçoit très bien que les régions séismologiquement fixées et qui, pour l'Ancien Continent, sont celles situées le plus au nord, conservent longtemps un reste de vitalité de façon que, continuant à s'accommoder à leur nouvelle condition d'équilibre, elles aient encore des tremblements de terre, mais faibles et espacés.

De cette façon, et suivant la remarque de M. de Montessus de Ballore, on peut retrouver, au moins dans une certaine mesure, l'âge relatif des compressions subies par le sous-sol dans une région donnée, en établissant son régime séismique.

CHAPITRE III

LA GÉOGRAPHIE SÉISMOLOGIQUE

Sommaire : Les pays à tremblement de terre et les pays stables. — La mappemonde séismologique. — Relations des pays séismiques avec les pays volcaniques. — Régions à mobilité atténuée et à volcans éteints. — Les volcans fossiles révélés par les cinérites. — Conditions générales des continents : les deux Mondes. — Distribution générale des chaînes de montagnes.

Donc, et je m'en étais déjà aperçu en prenant des notes sur les grandes catastrophes, les tremblements de terre ne se distribuent pas uniformément à la surface de la planète. Il y a des pays à tremblements de terre et il y en a, comme la Laponie et une grande partie de la Russie, où le séisme est pratiquement inconnu. De plus, dans certains pays à tremblements de terre, le phénomène est rare et ordinairement bénin; dans d'autres, il est fréquent et souvent désastreux.

« Sur les côtes du Pérou, dit Alexandre de Humbodt[1], le ciel est toujours serein; on n'y connaît ni la grêle ni les orages, ni les redoutables explosions de la foudre; le tonnerre souterrain qui accompagne les secousses du sol y remplace le tonnerre des nuées. Grâce à une longue habitude et à l'opinion très répandue qu'il y a seulement deux ou trois secousses à craindre par siècle, les tremblements de terre n'inquiètent guère plus à Lima que la chute de la grêle dans la zone tempérée. »

Parmi les régions séismiques, il faut citer avant tout divers points du bassin méditerranéen et parmi eux le détroit de Messine, la baie de Naples et spécialement l'île d'Ischia, la Grèce (îles de Zante et de Chio), l'Espagne avec Séville, le Portugal avec Lisbonne, l'Inde, le Japon, la Californie, le Mexique et l'Amérique centrale, le Pérou, le Chili.

Et si l'on porte sur un globe terrestre les pays qui sont le plus secoués on constate, comme Robert Malet[2] le remarquait déjà en 1858, que le type normal

---

1. *Cosmos.* — 2. *Transactions of the british Association for the advancement of Sciences* (1858).

de la distribution des séismes dans l'espace est exprimé par la concentration dans certaines bandes de terrains dont la largeur varie entre 5 et 15 degrés : cela fait de 500 à 1 500 kilomètres.

M. Montessus de Ballore a fait faire récemment à la question[1] un très grand pas en montrant que la grande majorité des séismes se range en deux bandes larges de 3 000 kilomètres, par le milieu de chacune desquelles on

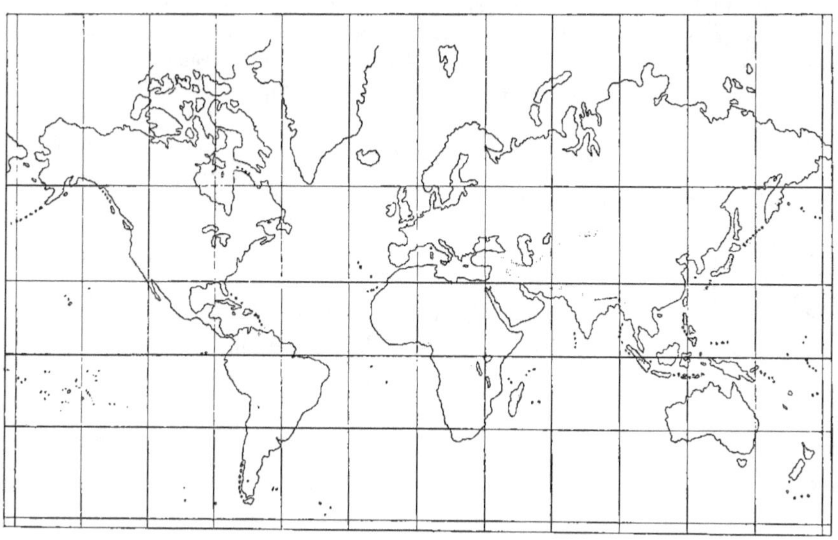

peut faire passer un grand cercle de la sphère. De ces deux cercles qui se coupent vers les îles Gallapagos sous un angle d'environ 67°, l'un suit la côte Pacifique des Amériques, tandis que l'autre accompagne le littoral sud de l'Asie, et se continue par l'axe de la Méditerranée et le golfe du Mexique. En dehors de ces deux bandes, il n'y a plus que 5 pour 100 de tremblements de terre, et leur distribution, malgré leur petit nombre relatif (et peut-être à cause de lui), nous présentera tout à l'heure un nouveau motif d'intérêt.

En considérant cette distribution générale, on est tout de suite arrêté par son analogie avec la répartition des volcans actuellement actifs. En reprenant la liste des points séismiques, on peut souvent y substituer à leurs noms, des

1. La *Géographie séismologique*, p. 24.

volcans : Etna, Vésuve pour l'Italie, Santorin pour la Grèce, le Dendur pour
l'Inde, le Bandaï-San et bien d'autres pour le Japon ; pour la Colombie
anglaise, le mont Saint-Helens ; Las Virgines pour la Californie ; le Popoca-
tepetl, le Jorullo pour le Mexique ; l'Isalco, le Coseguina, le Fuego pour
l'Amérique Centrale ; le Pichincha, le Cotopaxi pour l'Équateur, dix-neuf
volcans pour le Pérou tout seul ; trente-trois pour le Chili. On se figure donc
aisément que le tremblement de terre et le volcan ont une source commune.

La Géographie nous montre encore que la distribution des séismes
coïncide avec les grandes lignes de rivage dont la pente est très raide et qui,
à cet égard, contrastent absolument avec les rivages doucement inclinés.

Pour bien se péné-
trer de la différence
essentielle dont il
s'agit entre ces deux
catégories de côtes,
il suffit de s'imaginer
au travers de l'Amé-
rique du Sud, prise
comme exemple, une
coupe dirigée suivant
un parallèle d'un océan
à l'autre, par exem-
ple de Bahia (Brésil)
à Lima (Pérou). En partant de l'Atlantique, on trouve un pays bas et qui
s'élève progressivement : il en résulte une dimension gigantesque pour les
bassins hydrographiques qui se déchargent vers l'Est par les grands fleuves,
tels que l'Amazone, tributaires de l'Atlantique. C'est tout à fait à la fin de la
traversée continentale qu'on rencontre, le long du rivage Pacifique, la haute
chaîne de la Cordillère, et, si l'on sonde l'Océan à son pied, on trouve immédiatement des abîmes de plusieurs milliers de mètres de profondeur. Or, c'est
à cause de la dépression résultante que les eaux de la mer ont été appelées à
baigner ces régions et leur disposition générale conduit à y reconnaître des
géoclases, analogues dans leurs grands traits à celles qui caractérisent les chaînes de montagnes. Partout, les pays à grands tremblements de terre sont plus
ou moins avoisinés par des mers très profondes. Le type est fourni par le massif
du Japon où se trouve la *fosse du Tuscarora*, concavité de près de 10 000 mètres.
La Méditerranée a des abîmes et Messine se trouve sur une rive à pic.

D'un autre côté, les pays où se font sentir les tremblements de terre
modérés, comme c'est le cas pour la Suisse et pour toute l'Europe Centrale,

abondent en traces volcaniques et il est facile d'y retrouver aussi des preuves du craquellement du sol : les géoclases y ont évidemment déterminé les principales inégalités de la surface. Seulement il ne s'y produit plus d'éruptions plutoniques et les volcans y sont « éteints ». Cependant il y jaillit bien des sources chaudes et même des dégagements de gaz qui rappellent ceux des volcans. Les choses s'y montrent donc comme s'il s'agissait de régions ayant

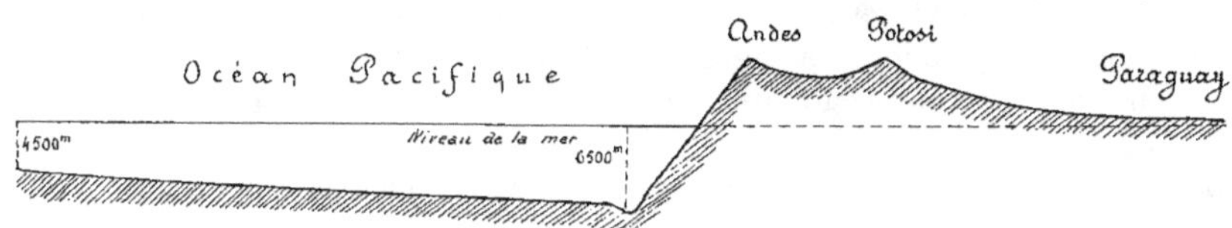

COUPE TRANSVERSALE DE L'AMÉRIQUE DU SUD SUIVANT LE 20° LAT. SUD.

été jadis bâties comme la zone à grands séismes et à volcans brûlants, mais qui se seraient refroidies et auraient en conséquence perdu la plus grande partie de leur activité primitive.

L'indication sur le globe géographique des pays pourvus de cette forme atténuée de la mobilité superficielle fait voir qu'ils se cantonnent dans deux

COUPE TRANSVERSALE DE L'AMÉRIQUE DU NORD SUIVANT LE 40° LAT. NORD.
(LES HAUTEURS SONT EXAGÉRÉES 100 FOIS).

zones approximativement parallèles aux bandes des pays paroxysmaux et l'on peut à cet égard se reporter à l'expérience décrite dans le précédent chapitre. Il s'en révèle à travers l'Europe et l'Asie à partir de la chaîne des Pyrénées, tout le long des Alpes, puis des monts Carpathes, du Caucase, de l'Himalaya et d'autres montagnes plus orientales. Dès les Pyrénées se signale, le long des grandes géoclases qui ont déterminé le relief du sol, le chapelet des sources chaudes sulfurées, dont le type est fourni par celles de Barèges et qui, sans exception, sont associées à des pointements de roches (dites *ophites*) ayant, quoique ne montrant aucune trace de cratères, d'intimes ressemblances de composition et de gisement avec les laves de nos volcans actifs. D'ailleurs, vers l'Est, et jusqu'au Caucase, surgissent des volcans tout à fait caractérisés, comme l'Elbrouz et le Kasbeck, dont les dernières éruptions ne sont pas très anciennes historiquement parlant. En outre, l'étude stratigraphique du sol démontre que l'époque d'émergence de ces chaînes est relativement peu reculée et dès lors l'esprit se fait à l'idée que la région qu'elles occupent présentait, antérieurement aux temps actuels, les caractères de la zone en pleine activité de nos jours. Cette région serait donc calmée par une sorte de vieillissement ; les secousses qu'on y observe encore décèlent comme un simple reste de la vie souterraine progressivement affaiblie.

Ces présomptions reçoivent un puissant appui de la reproduction en Amérique de dispositions analogues : vers l'Est de la région des Cordillères, si remarquable par la quasi-permanence du phénomène séismique, on trouve dans l'Amérique du Nord la zone des Montagnes Rocheuses, qui en est comme une atténuation et qui frappe par sa ressemblance générale avec la région des Pyrénées et des Alpes.

Enfin une indication précieuse pour l'interprétation de tous ces faits résulte de ce qu'en s'éloignant davantage des pays de trépidation maxima, et perpendiculairement à la bande qu'ils constituent, on trouve des régions où le tremblement de terre est pour ainsi dire inconnu et qui, tout en étant montagneuses, — tout en offrant de grandes géoclases le long desquelles ont surgi de puissantes chaînes, — sont dépourvues de toute espèce de sources thermales ; circonstance d'autant plus remarquable qu'on peut reconnaître, aux incrustations qui en dérivent, l'ancienne existence de jaillissements chauds, aujourd'hui taris. C'est ce qui se voit, par exemple, en Suède et en Écosse, bien que dans ces pays il soit facile de retrouver, presque à chaque pas, des vestiges d'éruptions de roches. Mais celles-ci, — et cette constatation met le sceau à la démonstration, — sont par leur aspect encore plus éloignées que les précédentes des volcans proprement dits. Il a fallu toute la sagacité de sir Archibald Geikie, précédée d'ailleurs de l'intuition géniale de Murchison dans le pays de Galles, pour reconnaître dans la structure de ces massifs la preuve de l'ancienne existence du phénomène volcanique. Les cratères ont disparu depuis des temps indéfinis et leurs débris se sont éparpillés de tous côtés ; les coulées elles-mêmes ont été emportées grain à grain par les intempéries, et pendant de longues années on a été porté à croire, faussement d'ailleurs, que les roches éruptives remplissant les cheminées anciennes dérivaient d'un mécanisme tout différent de celui que nous voyons à l'œuvre dans le volcan.

Ce fut une grande découverte que celle d'un terme stratigraphique commun à toutes les éruptions volcaniques, qu'elles seules peuvent produire, et qui défie en maintes circonstances les entreprises de l'érosion. Il s'agit des couches de *cendres* déposées en lits réguliers dans les bassins des lacs ou des mers situées à proximité des bouches ignivomes et qui, à cause du

siège de leur accumulation, contiennent à la fois des éléments minéralo-
giques d'origine profonde et des débris provenant des régions superficielles.
On donne à ces roches ambiguës le nom de *cinérites* et on les exploite en bien
des cas pour diverses applications. Les restes organiques qu'elles contiennent
nous fournissent des documents sur la flore et la faune de leur temps, —
comme le feront, avec leurs vestiges de plantes et d'animaux romains, les
cendres récentes de Pompéi pour les géologues de l'avenir. Ainsi, la petite
ville de Thann, en Alsace, est assise sur une épaisse formation porphyrique
procurant de gros blocs qui, après polissage, méritent de figurer parmi les
plus précieux matériaux de décoration, et ce n'est pas sans surprise qu'on
voit, au travers des bancs recoupés par le front de taille des carrières, de
grands troncs d'arbres avec leurs rameaux et leurs fructifications, *pétrifiés*
mais parfaitement conservés.

Eh bien! la Scandinavie et l'Écosse montrent en certaines localités des
cinérites de variétés fort diverses, qui révèlent la contribution active fournie
à la surface du sol par les profondeurs souterraines, grâce à l'existence des
grandes géoclases. Et cette remarque est suffisante pour que nous soyons
autorisés à supposer que, dans des âges très reculés, le sol de ces régions,
maintenant si tranquilles, surtout en Suède, devait être agité de violentes
convulsions souterraines.

La Terre n'est pas construite au point de vue géographique comme il eût
paru simple et naturel qu'elle le fût. Notre tendance est d'identifier le globe
avec une sphère géométriquement définie et qui tourne régulièrement sur
elle-même et autour du Soleil. Cela posé, si nous cherchions à préciser (la
supposant inconnue) la disposition générale des détails géographiques, nous
l'imaginerions parfaitement symétrique. Les deux pôles étant dans des
situations identiques par rapport au plan de l'équateur, nous devrions évidemment supposer, de part et d'autre de celui-ci, une distribution égale, soit des
océans, soit des continents, et une orientation régulière des chaînes de montagnes et des grandes vallées sous-marines. Or, tout le monde sait qu'il n'en
est rien.

Il est facile de tracer sur le globe un grand cercle, — d'ailleurs fort incliné
sur le plan de rotation, — qui sépare deux hémisphères, dont l'un est presque
entièrement océanique pendant que l'autre renferme à peu près toutes les
surfaces continentales. En outre, dans l'hémisphère des terres fermes, les
portions exondées sont disposées d'une manière tout à fait imprévue : elles
constituent deux paquets plus longs que larges, dont l'un correspond à
l'Ancien Monde (Eurasie et Afrique) et l'autre aux Amériques. La grande
longueur du premier bloc, approximativement Sud-Ouest-Nord-Est, est gros-

sièrement perpendiculaire à la grande longueur de l'autre qui va du Nord-Ouest au Sud-Est.

Poussant plus loin nos investigations, nous reconnaissons que chacun des deux blocs est accidenté de chaînes de montagnes plus ou moins flexueuses et contournées, mais qui, malgré tout, se dirigent, en somme, parallèlement à la grande longueur dont nous venons de parler. Un autre fait remarquable, étant données nos études antérieures, c'est que l'une de ces chaines borde le littoral de l'un et de l'autre des deux paquets exondés, comme les bordent les zones à violents et fréquents tremblements de terre.

Pour l'Eurasie, il faut remarquer que ses chaînes, dirigées en gros de l'Ouest vers l'Est, sont loin d'avoir des caractères géographiques identiques les uns aux autres. La plus méridionale, dont l'Apennin fait partie, ainsi que les iles de l'Archipel grec, qui ne sont que des sommets de montagnes submergées, ainsi que le Taurus, en Asie Mineure, les iles de la Sonde et le Japon lui-même, se signale avant tout par son altitude médiocre. Mais comme cette chaîne est précisément le théâtre des travaux souterrains qui se traduisent par les grands tremblements de terre, il n'est pas imprudent de supposer que c'est une chaîne en voie de production et que l'acquisition progressive de son relief est la cause même qui détermine les secousses du sol.

A l'appui de cette conception, la série de reliefs qui comprend les Pyrénées, les Alpes et les autres sommets déjà énumérés jusqu'à l'Himalaya, nous montrent les grandes altitudes cantonnées dans un pays dont le soulèvement date de plus loin et qui, par conséquent, s'est continué plus longtemps. Les géologues savent déterminer avec précision l'âge relatif des chaines de montagnes, par la comparaison des étages qui y ont été soulevés avec ceux qui, s'étant déposés après l'exhaussement, sont restés horizontaux dans les entours. Comme on a donné des noms à ces étages, on qualifie d'une expression univoque l'antiquité plus ou moins reculée de ces montagnes et c'est ainsi que l'on conclut que, si le *soulèvement apennin* est en voie actuelle d'accomplissement, le *soulèvement alpin* est tertiaire et dépend d'une époque qui, pour n'être pas géologiquement très ancienne, a précédé cependant, et de beaucoup, la création de l'homme et celle des animaux et des plantes vivant autour de lui.

En remontant au Nord du bourrelet alpin, nous rencontrons, avec la même orientation générale, de l'Ouest à l'Est, un autre ridement de la surface terrestre qu'on peut observer selon la longueur de la péninsule bretonne sous la forme des monts d'Arrée, — qui, malgré leur altitude de simples collines, ont exactement l'allure générale et la structure des Alpes, — pour le suivre dans les Vosges, puis dans la chaîne des Sudètes, qui traverse toute l'Allemagne, et enfin dans l'Oural où, après s'être très bien raccordé aux montagnes précédentes, il s'infléchit vers le Nord jusqu'au rivage de l'océan Glacial Arctique. La méthode géologique prouve que cette suite de reliefs s'est constituée bien avant les Alpes et dans un temps qui dépend de l'époque carbonifère, celle d'où datent les accumulations de matières végétales devenues progressivement le charbon de terre. On conçoit que le *ridement armoricain*, comme on l'appelle, soit moins élevé que la chaîne des Alpes : peut-être en a-t-il possédé la hauteur, mais il subit depuis si longtemps l'intempérisme, — c'est-à-dire l'action des agents extérieurs de la dégradation des roches, — que l'ensemble a perdu maintenant une grande partie de son ampleur originelle.

Plus au Nord encore se développe un bourrelet, réduit à des restes de plus en plus détériorés, et qui consiste dans les monts Grampians en Écosse et dans les Alpes Scandinaves. Cette fois, la poussée souterraine remonte au passé qualifié de silurien, c'est-à-dire à un temps relativement peu éloigné sans doute de celui où la vie a fait son apparition sur la Terre.

Le symétrique des chaînes européennes se retrouve sur le sol du Nouveau Monde. La série qui comprend la Cordillère des Andes, les Montagnes Rocheuses, les Appalaches et les Montagnes Vertes correspond terme à terme au point de vue des âges relatifs à celles dont nous venons de résumer la production successive. Dans un cas comme dans l'autre, des régions grossièrement parallèles entre elles ont été successivement le lieu d'ouverture de grandes cassures et le théâtre des manifestations qui en résultent : jaillissement de sources chaudes, éruptions de volcans et déchaînement de tremblements de terre.

CHAPITRE IV

CORRÉLATION DES VOLCANS ET DES TREMBLEMENTS
DE TERRE

Sommaire : Communauté de cause originelle entre les volcans et les séismes. — Théorie des volcans. — Comment s'explique l'indépendance mutuelle fréquente des tremblements de terre et des volcans.

Puisque la distribution des volcans actifs accompagne celle des séismes les plus violents, et que là où les séismes sont de plus en plus languissants, les volcans sont de plus en plus éteints, il est évident que les deux phénomènes sont deux formes de l'activité souterraine, c'est-à-dire d'une seule et même cause : l'ouverture de grandes géoclases tectoniques. Seulement, cette origine générale se complique de circonstances secondaires qui donnent lieu suivant les cas à telle ou telle manifestation latérale. Après avoir vu les conditions relatives à la récidive des secousses du sol, il est bon de chercher comment doivent être disposées les localités profondes pour que le volcan s'établisse.

La superposition déjà décrite tout à l'heure, dans l'épaisseur de la croûte du globe, de deux régions concentriques, — dont la supérieure est mouillée par l'eau d'infiltration pendant que l'autre est en ignition, — rend inévitable que, lors des décrochements qui s'accomplissent le long des géoclases pour déterminer les dénivellements orogéniques, certaines portions inférieures de la zone mouillée soient recouvertes, grâce au chevauchement, par les portions supérieures de la zone rouge de feu. Il se passe alors, dans la matière de la roche d'abord mouillée puis réchauffée, des réactions complexes dont beaucoup ont été éclaircies jusque dans leur détail par de célèbres expériences exécutées par Sénarmont et par ses successeurs : en présence de l'*eau suréchauffée*, toutes les roches deviennent cristallines et les argiles acquièrent la composition minéralogique des laves volcaniques. En outre, la fusion en présence de la vapeur d'eau comprimée en vase clos, comme c'est le cas dans les profondeurs, déter-

VERSANT MÉRIDIONAL DE L'ETNA. — FOYER PRINCIPAL D'ÉRUPTION DE LA COULÉE DE 1886.
(*Communiqué par la Société de Géographie de Paris.*)

mine l'*occlusion* de cette vapeur dans la roche liquéfiée. Il se fait donc une matière qui, malgré la différence des compositions et des températures, présente avec les solutions gazeuses obtenues sous pression et, par exemple, avec l'eau de Seltz, les analogies physiques les plus intimes et les plus complètes.

Des deux parts, on a affaire à un liquide *foisonnant* : cela veut dire que si ce liquide ne manifeste rien de spécial tant qu'il est renfermé dans un récipient, — tel serait pour l'eau de Seltz une bouteille fermée, — au contraire il bouillonne impétueusement dès que la communication est établie entre lui et une atmosphère à pression relativement faible : on sait qu'une bouteille d'eau de Seltz, placée debout sur une table et débouchée avec autant de précaution que l'on voudra, extravase son contenu, qui sort en moussant et s'échappe aux alentours.

Il en va rigoureusement de même avec la matière foisonnante souterraine dont nous décrivions tout à l'heure la formation : si une fissure vient mettre en communication le lieu où elle gît avec une région moins comprimée, elle se *détend*, comme on dit, et fait éruption. La crevasse aboutit-elle à l'extérieur, — et comme l'eau de Seltz qui lance son bouchon et sa fine poussière aqueuse, — notre substance fondue projette à de grandes hauteurs les pierres rencontrées sur son trajet souterrain et, sous la forme des *nuées ardentes* de M. Lacroix[1], les menus débris provenant de sa propre pulvérisation et qui forment la *cendre*. Ensuite, comme ferait la boisson gazeuse, la *lave* s'épanche à son tour, laissant longtemps dégager l'eau et les autres matières gazeuses qui l'imprégnaient, comme l'eau perd lentement les dernières traces de son gaz carbonique.

Pour qu'un volcan se déclare sur une zone séismique, il faut donc avant tout que le sous-sol se prête à l'élaboration de la matière foisonnante. Cela suppose que les roches recouvertes et réchauffées par chevauchement contiennent de quoi faire de la vapeur aqueuse ou d'autres principes élastiques convenables, comme l'acide chlorhydrique au moyen du sel gemme, ou le grisou, aux dépens des combustibles minéraux. Cela suppose aussi que la matière foisonnante une fois élaborée, il s'est établi un conduit vers l'extérieur, car autrement, le refroidissement planétaire se poursuivant toujours, la masse magmatique se consolide sur place sous la forme passive de ces amas qualifiés de *lacolithes*, que l'on connaît dans tant de régions et qui représentent ainsi des volcans manqués.

Cette remarque rend compte des longues bandes séismiques qui sont dépourvues de volcans.

---

1. *La Montagne Pelée*, 1 vol. in-4°.

On conçoit que les éruptions volcaniques doivent engendrer des secousses du sol. Dans ce cas, le tremblement de terre n'est pas tectonique et ne se fait pas sentir sur une grande étendue.

Le tremblement de terre d'Ischia, extrèmement circonscrit, comme on l'a vu plus haut, a été considéré comme une éruption volcanique manquée.

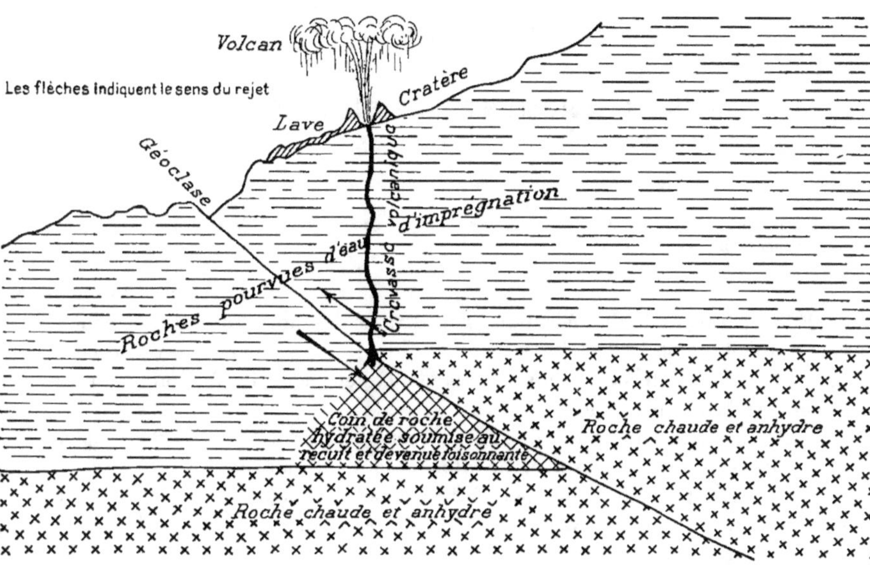

THÉORIE DES PHÉNOMÈNES VOLCANIQUES, RÉSULTANT DU RECOUVREMENT, PAR GLISSEMENT LE LONG DES GÉOCLASES, ET DANS LE SENS REPRÉSENTÉ PAR LES FLÈCHES, DE NIVEAUX RELATIVEMENT PEU PROFONDS DE L'ÉCORCE TERRESTRE ET CONTENANT DE L'EAU D'IMPRÉGNATION, PAR DES ROCHES VENANT DE PLUS BAS ET QUI, EN CONSÉQUENCE, SONT PORTÉES A UNE TEMPÉRATURE SUPÉRIEURE A LA LEUR.

Boussingault remarque[1] que les tremblements de terre les plus fameux de l'Amérique, ceux qui ont ruiné les villes de Latacunga, de Riobamba, de Honda, de Caracas, de Mérida, n'ont coïncidé avec aucune éruption volcanique bien constatée. L'oscillation du sol qui est due à une éruption est presque locale, tandis qu'un tremblement de terre vrai se propage à des distances immenses suivant la direction des chaines de montagnes.

1. *Ann. de Chim. et de Phys.*, vol. LVIII, 1835 ; *Bull. de la Soc. de Géol.*, 1834.

CHAPITRE V

LES INSTRUMENTS SÉISMOLOGIQUES

Sommaire : La Séismologie. — Les catalogues de tremblements de terre. — Demetrius de Scepis ; Demetrius de Callatis, Robert Mallet, Alexis Perrey. — Séismoscopes, séismomètres, séismographes. — Les stéréoséismogrammes du professeur Sekyia. — L'art d'observer les tremblements de terre. — Les questionnaires.

Édouard ayant lu la rédaction faite d'après les notes prises à la conférence du Muséum, il me félicita de leur exactitude : on ne pouvait rendre plus exactement, disait-il bienveillamment, la pensée du Professeur qui avait développé là ses idées personnelles.

— Maintenant, ajouta-t-il, que tu as réuni un si grand nombre d'exemples et d'observations de séismes, maintenant que tu sais de la structure de l'écorce terrestre tout ce qui peut faire connaître la cause de ces séismes, te voilà à même d'écrire un vrai petit traité de *Séismologie*, ou Science des tremblements de terre.

— Sans doute, répondis-je, je ferais facilement, après tant de relations que j'ai lues dans les anciens livres, après tant de témoignages que j'ai recueillis de témoins oculaires des grandes catastrophes, un tableau des phénomènes. Malheureusement, j'ignore presque tout des instruments qui ont permis de faire une science de cette partie de la physiologie de la Terre.

— Tu les ignores, mais tu sens leur importance. Ils sont les observateurs que ne peut troubler la peur et qui fonctionnent encore alors que tout est mort et détruit autour d'eux, comme tu l'as vu pour Messine.... Très volontiers, je te ferai la description et au besoin de rudimentaires dessins de ces enregistreurs. Ils sont maintenant très répandus dans toutes les parties du monde. Mais la France n'est pas la mieux servie, on lui reproche d'être médiocrement outillée dans ses rares stations, par exemple au Pic du Midi de Bigorre, à Grenoble, à Saint-Maur près Paris, et même à la Martinique, non loin de la Montagne Pelée.

— Cependant, continua-t-il, notre littoral méditerranéen, y compris la partie algérienne, tunisienne, marocaine, nos Antilles et nos autres colonies nous font un devoir de ne pas nous laisser distancer dans l'étude des séismes par l'Italie, l'Angleterre et le Japon. — Il existe d'ailleurs une Association séismologique internationale grâce à laquelle les grands tremblements de terre sont perçus sur toute la surface du globe et enregistrés par tous les séismographes. C'est au Japon que la séismologie est le plus étudiée : il y a dans ce pays un véritable réseau de stations séismologiques. Dans chaque village se trouve un correspondant tout prêt pour signaler les moindres secousses. Les travaux du séismologue Omori sont sans cesse consultés et invoqués par les théoriciens. D'un autre côté, l'Association britannique pour l'Avancement des Sciences a répandu dans le monde entier des stations séismologiques pourvues d'un appareil, du reste défectueux, qualifié de pendule horizontal de

OBSERVATOIRE DU VÉSUVE.

Milne. L'Italie est également couverte d'observatoires dont le géologue de Rossi a entrepris de réunir les résultats dans son *Bulletino del Vulcanismo italiano.*

« Les travaux d'ensemble sur les séismes ont commencé dans la seconde moitié du XIXᵉ siècle. Ce fut Robert Mallet qui les commença, et qui créa pour ainsi dire la séismologie en en faisant une science d'observation méthodique. Il fit un grand catalogue des tremblements de terre constatés avant l'année 1843. Un Français, Alexis Perrey, a, de 1843 à 1872, entrepris et réalisé la même tâche : un recensement de tous les tremblements de terre dans les pays les plus divers. Je sais que tu as compulsé ses brochures, véritables mines de documents d'observation et d'érudition. Milne et von Rebeur-Paschwits ont fait également beaucoup pour la séismologie. Enfin, un Français, M. de Montessus de Ballore, directeur du Service séismologique de la République du Chili, pays trop favorable à l'observation des tremblements de terre, a écrit le plus important Traité de Séismologie qui existe en notre langue.

— Ici encore, interrompis-je, je peux dire que les anciens ont montré le chemin. Strabon nous apprend[1] que des auteurs s'étaient fait une spécialité de recueillir les observations relatives aux tremblements de terre :

« Il existe plus d'un recueil de faits de ce genre, dit-il, mais celui de Démétrius de Scepis nous suffira amplement, pour peu que nous sachions y puiser avec discernement. »

Et plus loin :

« Démétrius de Callatis, dans le relevé qu'il a fait de tous les tremblements de terre ressentis anciennement sur tous les points de la Grèce.... »

Nous n'avons rien inventé dans les manières de travailler et de raisonner. L'antiquité avait ses Alexis Perrey, modestes travailleurs qui amassaient des matériaux pour l'œuvre immortelle d'un Strabon.

Et d'Archiac cite un auteur arabe, qui mourut vers l'an 911 de notre ère, et qui a publié un catalogue des tremblements de terre ressentis depuis l'an 94 de J.-C. jusqu'à l'année 905, en Égypte, en Syrie, en Perse et dans les États voisins[2].

— Mes auteurs cités, ajoutai-je, je conviens avec toi que la séismologie est une science mûre, puisqu'elle a ses appareils et une littérature considérable de gens du métier, lesquels ont choisi — dans le monde un peu confus des légendes, des récits historiques, des théories, fruits de la seule imagination d'hommes de génie, — les faits certains ou du moins probables bons à retenir. Mais j'ai hâte de recevoir de toi des explications qui me fassent comprendre le fonctionnement des appareils.

— Il y en a de trois sortes : les séismoscopes, les séismomètres, les séismographes.

Et, tout en parlant, Édouard traçait les figures qui devaient éclairer son discours.

Comme les noms l'indiquent, les premiers font seulement apercevoir le mouvement du sol, les seconds permettent d'en apprécier l'intensité, les derniers en conservent une trace durable et qui se prête à tous les genres d'études.

Dans la première série, on peut citer un simple *bain de mercure*, large et peu profond, généralement disposé dans une cave, sur une fondation aussi solide, aussi immuable que possible. Un rayon de lumière tombant sur le métal liquide s'y réfléchit et vient éclairer un point d'un écran convenablement situé. A la moindre vibration communiquée au vif-argent, le point lumineux se déplace et c'est à l'aide d'un appareil de ce genre que d'Abbadie, dans son

1. *Géographie*, liv. Ier. — 2. *Histoire des progrès de la Géologie*, p. 622.

observatoire pyrénéen, en était arrivé à proclamer qu'il ne se passe pas deux heures sans que le sol d'une localité quelconque ne soit agité.

Il suffit d'une faible modification pour que le séismoscope devienne un séismomètre, au moyen d'une échelle avec laquelle on pourra évaluer l'amplitude des déplacements du rayon réfléchi. Certains de ces appareils sont disposés de manière à conserver le moment du phénomène, par exemple par la fermeture d'un courant électrique.

Quant au séismographe, c'est le seul instrument à recommander, car le tracé automatique des secousses constitue l'une des formes documentaires les plus précieuses à l'égard des tremblements de terre. Il sera facile d'en faire saisir le principe dans sa plus grande généralité, sauf à ajouter quelques compléments au sujet des formes les plus généralement adoptées parmi les centaines d'appareils construits jusqu'ici.

En fait, on a selon les cas obtenu la courbe dite *séismogramme*, qui représente le déplacement d'un point du globe, par des procédés dont chacun a, parmi les séismologues, ses partisans. L'un de ces procédés consiste dans l'emploi d'un simple pendule à fil très long et à masse très lourde; un autre, dans l'emploi d'un double pendule dont l'effet est de neutraliser les déplacements dont il s'agit.

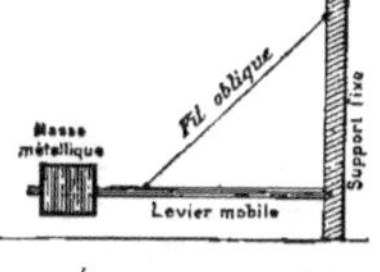

SCHÉMA DU PENDULE HORIZONTAL.

Supposons placée sur une table une grande potence solidement assujettie à son support et à laquelle, au moyen d'un fil très fin et très souple, est suspendue une masse très pesante, pourvue d'un crayon qui touche une feuille de papier étalée au-dessous d'elle. Si on imprime à la table un brusque ébranlement de faible durée, on constatera que, grâce à l'inertie, la masse du pendule restera absolument immobile. Mais la table s'est déplacée sous le crayon et la feuille de papier conserve le tracé de ses mouvements.

Avec le double pendule, on a le même résultat par un dispositif plus compliqué mais sans doute plus parfait. Une masse que nous appellerons W est celle d'un pendule à plusieurs fils partant d'un même point de suspension. En son milieu est fixée une tige P rattachée au bâti de l'appareil et portant à sa partie supérieure un petit stylet qui peut tracer sur une plaque t. Si l'appareil se bornait à ces différents organes, la tige P se balancerait avec la masse W et le stylet ne tracerait rien. Mais on a disposé au-dessous de cette masse un deuxième pendule renversé reposant sur le bâti et dont la masse w a un poids qui est au poids W comme sa longueur est à la longueur du pendule supérieur. Grâce à une articulation convenablement disposée, tout déplacement de W vers la gauche, par exemple, détermine le déplacement de w dans le sens opposé, et il en résulte une neutralisation, grâce à laquelle le stylet reste immobile pendant que la plaque t se meut sous lui.

Le même résultat peut être obtenu par divers autres dispositifs et on conçoit qu'à côté de pendules verticaux on puisse disposer des pendules horizontaux analogues à ceux de la figure ci-jointe.

Cette dernière latitude est tout à fait indispensable, car on s'aperçoit que le point considéré de la surface du sol ne se meut pas seulement dans le plan horizontal, mais dans les trois dimensions, et c'est ce qui explique pour une très large part la gravité des désastres. Il faut donc, à l'observatoire, avoir au moins trois pendules dans trois plans rectangulaires et combiner ensemble les trois courbes simultanées qu'ils procurent. En fixant dans l'espace les lieux successivement occupés par le point étudié, on obtient une trajectoire d'une complication extrême.

Un Japonais, le professeur Sekyia, de l'Université de Tokio, a eu l'idée de matérialiser cette trajectoire, en la représentant par un fil de cuivre convenablement tordu. Bien qu'il ait expérimenté durant un tremblement de terre de très courte durée, il a ainsi obtenu un enchevêtrement si compliqué qu'on n'aurait pu s'y retrouver, si l'auteur n'avait eu l'ingénieuse idée de scinder ce *stéréoséismogramme* en trois parties et qu'il faut combiner par la pensée pour reconstituer la réalité des choses.

Du reste, ces remarques ne diminuent en rien l'intérêt des courbes données dans chaque plan par l'appareil, ainsi qu'on le verra plus loin.

En étudiant les innombrables séismogrammes obtenus dès maintenant, on a été très frappé de constater qu'ils présentent des caractères très différents selon qu'ils sont obtenus au voisinage de l'épicentre ou, au contraire, à des distances plus ou moins grandes de la région ébranlée. Les appareils, en effet, sont d'une telle délicatesse qu'ils sont sensibles à des impulsions provenant de centaines de kilomètres et parfois même des antipodes. C'est ainsi qu'au commencement de 1909 on a été averti dans tous les observatoires d'un très violent tremblement de terre dont on n'a eu la notion directe que plusieurs mois plus tard et qui avait sévi sur une vaste région de l'Asie Centrale.

Or, les *téléséismogrammes* obtenus dans ces circonstances sont des courbes très compliquées dans lesquelles on fait inévitablement un sectionnement en trois parties. D'abord, ce sont de petites inflexions assez uniformes; puis on voit une partie largement zigzagante et enfin se présente une région terminale très adoucie.

Tout d'abord, on a vu dans la première partie un « frisson précurseur »;

dans la seconde, la « phase principale » du phénomène et, dans la troisième, une sorte d'accalmie finale et progressive. Mais on a maintenant renoncé à cette interprétation, grâce surtout aux résultats obtenus par Wertheim et par lord Raileigh dans leurs recherches de Mécanique rationnelle. Il faut remarquer, en effet, que les ondes produites par le choc séismique peuvent et doivent parvenir au poste d'observation situé, par exemple, à 90° de l'épi-

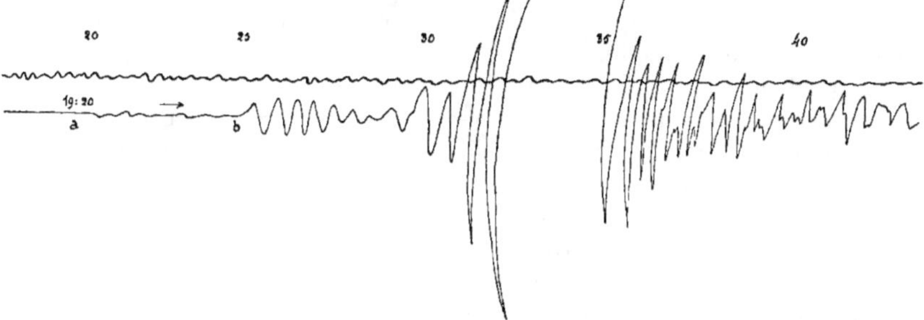

COURBE GRAPHIQUE DU TREMBLEMENT DE TERRE DE SAN FRANCISCO, OBTENUE PAR LE SÉISMOGRAPHE DU BUREAU MÉTÉOROLOGIQUE DE WASHINGTON.

centre par différents chemins et après des temps inégaux. Il en est qui sont transmises par la surface de la terre et il peut en arriver en deux sens opposés par des chemins très inégaux, l'un du quart, l'autre des trois quarts du tour du globe et par conséquent à des intervalles considérables. Mais d'autres ondes

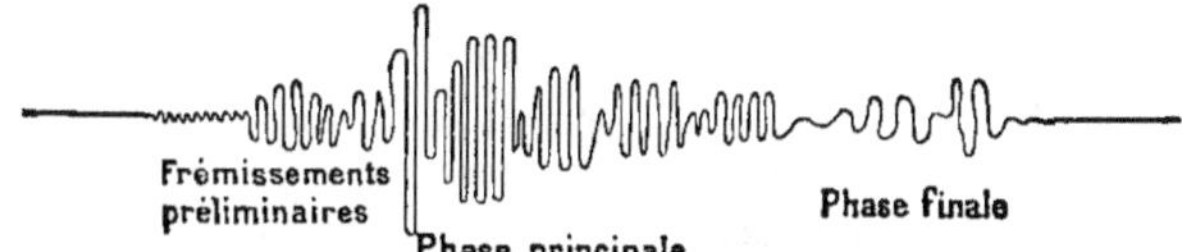

SCHÉMA D'UN TÉLÉSÉISMOGRAMME, OU COURBE ENREGISTRÉE DUE A UN TREMBLEMENT DE TERRE TRÈS LOINTAIN.

mécaniques arrivent par l'intérieur de la terre, les unes le long d'une corde (qui serait le diamètre, s'il s'agissait des antipodes), les autres par des chemins plus compliqués après réflexion sur la face interne de la croûte terrestre.

Dans cette nombreuse série, MM. Oldham et Milne ont prétendu distinguer trois espèces d'ondes, dont une superficielle à vitesse constante avec la distance, et les deux autres internes, mais tantôt transversales à la direction de propagation et tantôt longitudinales : leur vitesse diminuerait avec la distance. De telle façon qu'un choc, cependant unique, donnerait lieu, dans une localité convenablement placée, aux diverses catégories de courbes contenues dans les micro-séismogrammes décrits tout à l'heure.

Les savants qui se sont consacrés à ces études en ont conclu que le globe contiendrait au-dessous de l'écorce terrestre une zone relativement mince d'une matière gazeuse que Milne qualifie de *géite* ou substance caractéristique de la Terre [1], et un noyau formé de matériaux nécessairement fluides, vu la température, mais dont la compacité serait égale à celle de l'acier. Ce sont d'ailleurs là des suppositions infiniment trop hâtives, et qui seront sans doute profondément modifiées avant qu'il soit longtemps.

Le lendemain, je reçus d'Édouard un questionnaire destiné aux témoins des séismes et que je copiai dans mes notes. Ce questionnaire avait été composé par M. Heim, un géologue suisse bien connu. Les tremblements de terre, qui sont fréquents en Suisse, n'y sont pas désastreux, et la séismologie y est en honneur. Il y a, évidemment, une idée intéressante dans ce Questionnaire-Heim, qui a été distribué à un grand nombre d'exemplaires :

1º A quel jour, à quelle heure et, si possible, à quelle minute, à quelle seconde, a-t-on ressenti un tremblement de terre?

2º L'instrument (horloge, pendule ou montre) qui a servi à la détermination de l'heure a-t-il été comparé avec la pendule de la station du télégraphe? Quelle est la différence de marche au moment de la vérification?

3º Veuillez désigner aussi exactement que possible la localité où l'observation a été faite (canton, district, commune). Désignez aussi l'emplacement dans lequel vous étiez lorsque la secousse a été perçue. Était-ce en plein air ou dans un bâtiment? Était-ce au rez-de-chaussée ou dans un étage de la maison? Quelle était votre occupation au moment de la secousse?

4º Quelle est la nature du sol sur lequel repose le lieu de l'observation (sol rocheux, sol d'alluvion, sol tourbeux, etc.)?

5º Combien y a-t-il eu de secousses? A quel intervalle de temps se sont-elles succédé?

6º Essayez de décrire la secousse. Était-ce un choc par en bas, une secousse latérale, un balancement plus ou moins lent, un mouvement de vague, un tremblement, un frémissement du sol? S'il y a eu plusieurs secousses, ont-elles eu toutes le même caractère?

7º De quel côté est venue la secousse? Dans quelle direction s'est-elle propagée?

8º Combien de temps ont duré les chocs? Combien de temps a duré le phénomène consécutif?

---

1. De γῆ, *terre*, avec la terminaison *ite* si souvent employée dans les termes scientifiques.

9° Quels ont été les effets principaux du tremblement de terre?

10° Pouvez-vous comparer ce tremblement de terre à d'autres phénomènes analogues auparavant ressentis par vous?

11° A-t-on entendu quelque bruit? Quelle en a été la nature? Était-ce de simples craquements des boiseries de la maison, ou bien était-ce un bruit souterrain? Était-ce un bruit, un coup, une détonation, un roulement?

12° Le bruit a-t-il précédé ou suivi la secousse? Quel a été le moment relatif des deux phénomènes?

13° Signalez toutes les observations extérieures qui peuvent, de près ou de loin, se rapporter au phénomène : effets de la secousse sur les animaux, effets sur les sources, coup de vent, tempête concomitante, etc.

14° Y a-t-il eu des mouvements dans l'eau des lacs ou des étangs? décrivez ces mouvements.

15° Y a-t-il eu de petites secousses ayant précédé ou suivi la secousse principale? A quel jour et à quel moment ont-elles eu lieu?

16° Veuillez enfin nous donner les observations faites, dans votre localité et les localités environnantes, par des personnes de votre connaissance. Veuillez aussi nous donner l'adresse de personnes capables de remplir, en tout ou en partie, un questionnaire semblable à celui-ci.

Édouard me dit que ce Questionnaire est déjà ancien et qu'il ne sait pas si l'on continue d'en faire usage. Je le consigne dans mes notes, parce que j'y vois un excellent manuel d'observation, à la portée même des enfants des écoles primaires.

CHAPITRE VI

RÉSUMÉ DES OBSERVATIONS

Ainsi qu'Édouard l'avait dit, Albert se trouvait capable maintenant de rédiger, pour ainsi dire en maximes, toutes les circonstances d'un tremblement de terre. Il le fit dans un nouveau cahier, afin de ne laisser pour lui-même aucun point dans l'ombre.

L'*épicentre* est la région de la surface terrestre dans laquelle le séisme atteint son maximum d'intensité. Il est en rapport avec le centre d'ébranlement ou *foyer*, situé dans la croûte, la région où s'est produit le choc et qui ne peut être regardée comme un point. Il y a souvent plusieurs chocs, par conséquent déplacement de l'épicentre, comme dans la catastrophe de 1783, en Calabre.

Quand le centre d'ébranlement est peu profond, l'épicentre est peu étendu. Le tremblement de terre de Lisbonne en 1755 dut avoir un centre d'ébranlement très profond, puisqu'il fut ressenti sur une énorme surface.

L'épicentre comme nous l'avons vu à propos de la catastrophe de Messine, se présente ordinairement avec la forme d'une ellipse allongée dans le sens d'une cassure de la croûte; il se propage souvent le long de cette cassure, qui *travaille*, avons-nous dit, comme la fêlure d'une faïence. Ainsi en Calabre (1783), ainsi dans la vallée du Mississipi (1811), où le séisme remonta le fleuve depuis son embouchure jusqu'au Canada, ruinant toutes les villes riveraines les unes après les autres; la marche du fléau dura de la sorte une année entière. Quand un tremblement de terre se produit avec force sur une côte, l'épicentre est allongé dans le sens de cette côte.

Autour de l'épicentre, s'étendent des zones où le désastre se fait de moins en moins sentir; on les limite par des lignes dites *courbes isoséistes*. Tous les points situés sur chacune de ces lignes ont subi le même degré d'ébranlement. Naturellement, les courbes isoséistes présentent de grandes irrégularités, causées par tous les accidents géologiques ou orographiques; elles présentent des saillies, des échancrures, des plis refoulés à l'intérieur de leur tracé, et plus elles s'éloignent de l'épicentre, plus elles s'étendent dans une direction différente.

Le tracé des lignes isoséistes a permis d'établir des échelles représentant les différentes intensités d'un ébranlement. On se sert depuis 1883 de l'échelle De Rossi-Forel, du nom des deux savants qui l'ont composée. Il est nécessaire de la connaître pour lire les cartes séismologiques, sur lesquelles sont portés les chiffres indiquant les degrés :

MICROSÉISMES

I. Mouvements non notés par tous les appareils de systèmes différents. Sentis par quelques observateurs exercés.

II. Secousse constatée par tous les appareils et par un petit nombre de personnes au repos.

III. Secousse très faible ressentie par un certain nombre de personnes au repos, avec une durée et une direction appréciables.

IV. Secousse constatée par des personnes en état d'activité, ébranlement d'objets mobiliers, craquements de boiseries.

V. Secousse d'intensité moyenne, ressentie par tout le monde. Mouvements de gros meubles, agitation des sonnettes.

MACROSÉISMES

VI. Secousse forte réveillant tous les dormeurs, arrêtant les pendules, faisant osciller les arbres. Quelques personnes s'enfuient des habitations.

VII. Renversement d'objets mobiles, chute de plâtras, arrêt des horloges publiques. Effroi de toute la population.

VIII. Secousse très forte. Crevasses dans les murs, chutes des cheminées.

IX. Ruine partielle ou totale de quelques édifices.

X. Désastre, ruines, éboulements de montagnes, bouleversement des couches terrestres, crevasses.

M. Mercalli a modifié cette échelle, trop détaillée pour les faibles secousses, sans modifier le nombre des degrés :

I. *Secousse instrumentale.* Signalée seulement par les appareils parfaits.

II. *Secousse très légère.* Sentie seulement par quelques personnes en repos, particulièrement aux étages supérieurs des habitations.

III. *Secousse légère.* Sentie par plusieurs personnes peu nombreuses par rapport à la population et n'ayant point causé d'appréhension, ni la certitude complète d'un tremblement de terre, avant la communication avec d'autres personnes.

IV. Secousse sensible ou médiocre, perçue par beaucoup de personnes à l'intérieur des habitations, par peu de personnes au dehors. Point d'effroi. Frémissement de la vaisselle, craquement des boiseries, léger balancement des objets suspendus.

V. *Forte secousse* généralement sentie dans les habitations et par un grand nombre de personnes au dehors. Réveil des dormeurs. Quelques personnes quittent les habitations. Tintement des sonnettes, oscillation assez ample des objets suspendus, arrêts d'horloges.

VI. *Secousse très forte* sentie par tout le monde. Effroi général. Chute d'objets et d'enduits. Quelques dommages aux édifices les moins solides.

VII. *Secousse extrémement forte.* Sonnerie de cloches. Chutes de cheminées et de tuiles, légers dommages à de nombreux édifices.

VIII. *Secousse ruineuse.* Dégâts considérables. Quelques blessés isolés.

IX. *Secousse désastreuse.* Ruine totale de quelques habitations, graves dégâts à beaucoup d'autres. Victimes assez nombreuses.

X. *Secousse très désastreuse.* Ruine totale de beaucoup d'édifices. Nombreuses victimes. Crevasses du sol, éboulements dans les montagnes.

C'est cette échelle de Mercalli qui est adoptée par le Service géodynamique de l'Italie.

Les Japonais se servent de l'échelle d'Omori, beaucoup plus exacte, parce qu'elle a pour base l'accélération maximum communiquée par un séisme à une particule du sol, ou d'un objet ébranlé. Les échelles européennes ont l'avantage de pouvoir être employées même par les personnes étrangères aux sciences, mais elles manquent d'autant plus de précision.

Il y a deux grandes catégories de secousses, les horizontales, qui sont ondulatoires ou oscillatoires, et les verticales, sussultoires ou trépidatoires. Les secousses verticales, c'est-à-dire ressenties comme si le choc était donné de bas en haut, sont les plus désastreuses. Il semble que l'on soit lancé en l'air, puis que l'on plonge dans le sol. Quelquefois des maisons ont été ainsi projetées de bas en haut. On a assuré qu'en Calabre, en 1783, les montagnes semblaient sauter : c'est l'expression du Psalmiste. Le tremblement de terre de Riobamba lança, dit-on, des cadavres sur une colline de plusieurs centaines de pieds de hauteur.

Les mouvements horizontaux se font sentir sur une plus grande étendue que les mouvement verticaux. Ou bien ils se composent d'oscillations plus ou moins violentes, telles que celles éprouvées à Nice, en 1887, ou bien ils se propagent en grandes ondes qui donnent la même impression que celles de la mer. Ces *vagues séismiques* ont été souvent notées. Lors du tremblement de terre de 1886, à Charleston, M. Mac Lee ayant entendu le mouvement annonciateur, courut se placer au milieu de la rue, et éprouva un frémissement du sol, puis un mouvement de va-et-vient. Il vit alors distinctement passer quatre ou cinq vagues, qu'il s'était promis d'étudier dès que l'occasion s'en présenterait et auxquelles il croit pouvoir attribuer une hauteur d'un pied. Elles étaient aussi larges que la rue entre les trottoirs. Elles passaient à grande vitesse : « Si la rue Tradd avait été sous l'eau et si j'avais été dans un bateau, a-t-il écrit, le mouvement transmis à mon corps n'aurait pu être plus distinctement senti, ni les vagues plus clairement vues. »

Ces grandes vagues visibles ne se produisent que dans les tremblements de terre désastreux. En divers endroits, mes témoins en ont parlé. Ce qui distingue M. Mac Lee des autres, c'est qu'il *voulut* voir. Souvent les malheureux sinistrés ont des nausées semblables à celles du mal de mer. A Shillong, en 1897, le sol vibrait comme de la gelée.

On conçoit que les vagues séismiques visibles ne se produisent qu'en terrains mous, dans les sols sablonneux, par exemple.

Les secousses verticales et les secousses horizontales se font souvent sentir dans le même tremblement de terre.

On a cru aussi qu'il existe des secousses rotatoires; mais le mouvement tourbillonnaire peut n'être qu'une illusion causée par la complication des mouvements du sol, qui semblent se produire de tous les points à la fois. On a cherché aussi à expliquer de cette façon le mouvement de rotation imprimé à des colonnes, à des pyramides, etc.

Quoique chaque témoin se figure avoir une idée de la direction des mouvements, il est fort difficile de l'établir, comme le prouve la diversité des renseignements recueillis après un séisme. M. Forel, qui a fait des observations extrêmement nombreuses et des travaux importants sur les séismes en Suisse, note que les témoins sont influencés par les directions des façades des maisons dans lesquelles ils se trouvent, et que, pour une rue, la direction indiquée est, neuf fois sur dix, parallèle ou perpendiculaire à la direction de la rue. Les objets renversés par les secousses n'indiquent pas non plus, dans la plupart des cas, la direction de ces secousses, car ils sont souvent renversés en directions divergentes. Oldham a même constaté que le désordre dans lequel les matériaux des édifices ruinés sont projetés est d'autant plus grand que ces édifices sont plus rapprochés de l'épicentre. Il faut donc recourir aux instruments qui, dans la plupart des cas, inscrivent des mouvements de la plus inextricable complication.

La durée des secousses est très variable ; cependant elle s'évalue ordinairement en secondes. Une demi-minute suffit pour que la dévastation soit générale. Mais j'ai cité des tremblements de terre qui durèrent deux minutes, comme à Lima, en 1839. A Aréquipa, le 13 août 1868, les oscillations produites par le premier choc se prolongèrent sept minutes. Lors de grands séismes, les premières secousses sont ordinairement les plus désastreuses. Il y a cependant parfois de graves recrudescences, même à des semaines de distance, comme en Calabre (1783). Parfois les séismes sont suivis pendant des jours, des semaines, des mois, de secousses qui ne détruisent pas grand'-chose, parce presque tout est à bas, — à moins que, comme nous l'avons vu, le foyer ne se déplace. En certaines périodes, il semble que la terre ne parvienne pas à se calmer : telle est cette année 1909 où, après Messine c'est la Calabre, c'est le Maroc, c'est le Portugal, c'est la Provence, c'est la Grèce, etc.

Il y a des pays où la terre est presque continuellement frémissante. Dans l'Amérique du Sud, les *temblores* n'éveillent pour ainsi dire pas d'inquiétude. Ces régions connaissent aussi les véritables tremblements de terre (*teremotos*) et ils y sont même très fréquents. La *séismicité*, c'est-à-dire la moyenne de la fréquence et l'intensité des tremblements de terre en une région limitée est un chapitre important de la séismologie auquel on cherche à donner une base précise. On dresse au Japon et aux Philippines des cartes séismiques pour lesquelles on emploie des courbes d'égale fréquence ou *isophygmes*. J'indiquerai seulement quelques moyennes, bien suffisantes pour ajouter une preuve à tout ce que nous avons déjà vu et dit de l'instabilité de notre demeure terrestre.

Pendant la première moitié du xixe siècle, Alexis Perrey a publié, comme nous l'avons vu, un catalogue des tremblements de terre pour toutes les parties du monde pendant les temps historiques. Or, il estime que la moyenne annuelle de ces phénomènes est de 60 à 70, c'est-à-dire de 6 à 7 000 par siècle. Mais il travaillait à une époque où les séismographes n'existaient pas, et il n'enregistrait que les phénomènes assez forts pour être remarqués. En outre, les moyens d'information n'étaient pas à la hauteur de ceux d'aujourd'hui. Bien des localités étaient affectées violemment sans le raconter au monde entier. Aussi les catalogues annuels publiés par l'Association séismologique internationale sont-ils à même d'indiquer environ 5 000 macroséismes, c'est-à-dire des séismes qu'il est possible de constater sans instruments : c'est donc ici seulement l'excellence des moyens de communication qui est la cause du résultat. Quant aux microséismes, ils sont véritablement innombrables.

La séismicité considère aussi l'étendue des pays secoués. Cette étendue est très variable et n'est pas toujours en rapport avec la grandeur de la catastrophe comme, lors du séisme du 28 décembre 1908, la région dévastée s'est trouvée comprise entre Castroreale en Sicile et Palmi en Calabre, et entre Messine et Reggio, ce qui fait dans chaque direction une longueur de 80 kilomètres environ, et quoique les simples dégâts se soient, il est vrai, produits sur une aire beaucoup plus vaste, le séisme n'a intéressé qu'une surface de 380 000 kilomètres carrés en comptant la surface où les secousses se sont fait sentir sans rien ébranler. En Andalousie, 25 décembre 1884, la surface ébranlée fut de 450 400 kilomètres carrés ; en Ligurie, 23 février 1887, de 566 900 kilomètres carrés ; au Japon (Mino-Ovari), 28 octobre 1891, de 824 200 kilomètres carrés ; dans l'Assam, 12 juin 1897, de 4 530 500 kilomètres carrés ; à Charleston, 31 août 1886, de 7 248 900 kilomètres carrés ; à Lisbonne, 1ᵉʳ novembre 1755, de 35 000 000 de kilomètres carrés. A Ischia, il-n'y eut que 1 500 kilomètres d'ébranlés.

La vitesse de propagation des tremblements de terre a été l'objet de longues et difficiles études, qui seraient bien incomplètes sans le secours de la méthode expérimentale. La physique et la géologie sont ici indispensables l'une à l'autre. La connaissance de l'élasticité des différents corps et la notion des matériaux dont se composent l'écorce terrestre sont donc indispensables dans la solution du problème, que l'on est loin encore d'avoir complète. Je n'ai pas à m'occuper des résultats des tremblements de terre artificiels, c'est-à-dire causés par des explosions ou par des chocs comme dans les expériences faites au Creusot par MM. Fouqué et Michel Lévy. Je ne noterai que quelques chiffres tirés des observations sur la nature, et qui sont extrêmement variables, selon les observateurs et aussi selon les localités et les circonstances. Les différentes roches propagent plus ou moins vite les mouvements ; la violence du choc intervient nécessairement. A mesure qu'on s'éloigne de l'épicentre, les secousses arrivent de plus en plus tardivement. On trace sur des cartes des courbes dites *homoséistes* qui s'enveloppent et qui représentent l'ensemble des points où l'ébranlement arrive à la même seconde. On les trace en notant exactement l'heure du tremblement en chaque lieu. L'instrument indispensable et suffisant est donc une bonne montre, bien réglée.

D'après les renseignements dont il disposait, Julius Schmidt a calculé que le tremblement de terre de Lisbonne avait dû se propager avec une vitesse de 2 488 mètres. Pour le même séisme, Mitchell avait trouvé 1 390 mètres et Mallet des vitesses de 500 à 1 500 mètres suivant les directions.

Les observations anciennes à ce sujet ne peuvent donc pas avoir grande valeur.

Pour le tremblement de terre de la Ligurie (1887), M. Offret[1] a dressé ce tableau des distances et des vitesses, à partir de l'épicentre :

A des distances de 75 à   250 kilomètres, la vitesse a été de 500 à   800 mètres.
—   250 à   300   —   —   700 à 1 000 —
—   300 à   400   —   —   800 à 1 200 —
—   500 à 1 000   —   —   1 100 à 1 700 —
—   1 500   —   —   2 100 —

Il y a des tremblements de terre dont la propagation est très lente et qu'on a parfois désignés sous le nom de *bradyséismes*. Par exemple, lors d'un tremblement de terre ressenti en 1880 à Genève, M. Heim a noté entre Genève et Nyon une vitesse de 114 mètres par seconde, et entre Genève et Coppet, de 54 mètres.

Par contre, en certains cas, la vitesse a eu, pour ainsi dire, la rapidité de la foudre (tachyséismes). Selon Toula, une secousse mit quarante-neuf secondes pour se transporter d'Agram à Vienne, ce qui donne une vitesse de 5 500 mètres à la seconde. Pour Charleston, on admet 5 124 mètres environ, d'après Dutton, qui fit une enquête considérée par les spécialistes comme un modèle, car elle se compose d'un nombre considérable d'observations, faites sur la moitié de la surface des États-Unis où les horloges publiques et même les montres particulières sont parfaitement réglées. Ajoutons qu'il se pourrait, d'après le mode de déclanchement des géoclases, que le phénomène fut à peu près simultané sur des longueurs considérables et non pas transporté d'un point à un autre.

Presque tous les récits que j'ai recueillis de tremblements de terre, et l'unanimité des témoignages des anciens, font mention des bruits qui précèdent ou accompagnent les tremblements de terre, en sorte que je n'ai rien à en dire ici, d'autant que leur nature différente selon le cas, rumeurs, tonnerre, décharge de mitraille, éclats d'explosion, a été bien décrite.

1. *Rapport de la Mission d'Andalousie.*

On trace sur les cartes des courbes *isacoustiques* indiquant la simultanéité d'impressions auditives d'un grand nombre d'observateurs. Elles manquent nécessairement de précision, la délicatesse de l'ouïe étant chose des plus variables, et cependant l'aire d'ébranlement et l'aire d'audibilité diffèrent généralement fort peu dans leurs limites. Les instruments devront donner plus de certitudes aux savants. On a même pensé pouvoir, à l'aide de microphones, installés profondément au-dessous de la surface du sol, avertir à temps les habitants d'un tremblement de terre désastreux. On rapporte qu'un prisonnier politique, enfermé dans une prison souterraine de Lima, entendait, l'oreille appliquée contre le sol, les rumeurs annonciatrices de la catastrophe. Il ne fut pas cru ; la ville fut ruinée, et il put se sauver des décombres. Ce trait appartient à la légende. En général, les bruits ne précèdent pas assez les secousses, pour que les habitants aient le temps de s'enfuir. Pourtant, M. Fouqué rapporte que la chose arriva en Andalousie, et qu'on put, grâce à elle, quitter à temps le deuxième étage d'une maison.

Durant l'antiquité et aussi de nos jours on a fait beaucoup de suppositions quant à la cause des bruits souterrains. Cette cause est certainement multiple, la structure de la croûte terrestre étant fort compliquée et en travail incessant. Il peut s'y produire des explosions comme dans un laboratoire, et pour les mêmes raisons. Les gaz dégagés par les sources minérales et thermales, la circulation des eaux, et surtout la compression des roches terrestres vibrant et résonnant à la moindre rupture d'équilibre doivent, lorsque se détachent les parois des géoclases, lorsque travaillent ces fractures, produire ces frémissements acoustiques, ces rumeurs, ces décharges qui précèdent et accompagnent les secousses.

Deux surfaces rocheuses, par exemple les deux lèvres d'une faille, peuvent, pendant le tremblement de terre, frotter l'une sur l'autre et ainsi faire du bruit. Pour Milne, la production du *retumbo* est comparable à celle du son produit par le frottement d'un doigt sur le bord d'un vase de cristal.

L'intensité des bruits souterrains n'est pas en rapport avec celle des secousses. Ainsi, après le tremblement du Valais, le 25 juillet 1855, il y eut durant plusieurs années, dans la même région, de faibles trépidations excessivement fréquentes, avec de violentes détonations pour ainsi dire incessantes. Longtemps après le grand tremblement de terre de la Nouvelle-Grenade (16 novembre 1827) on entendit dans la vallée de Cauca des explosions souterraines qui se succédaient de 30 en 30 secondes, sans qu'il se produisît de secousses.... De 1822 à 1825, on entendit en Dalmatie, dans l'île de Medela, des détonations dont certaines seulement étaient accompagnées de tremblements du sol. En août et septembre ces bruits devinrent si formidables que le bourg de Babinopoglie fut abandonné par les habitants qui avaient perdu tout repos et toute sécurité. Il fut même question un moment d'abandonner l'île.

Mais l'exemple le plus célèbre est celui des *bramidos* de Guanaxuato (Mexique) qui, commencés le 7 janvier 1784, durèrent jusqu'au milieu du mois suivant.

« On eût dit un orage souterrain. Le bruit cessa comme il avait commencé, c'est-à-dire graduellement. Il était limité à un faible espace; à quelques myriamètres de là, sur un terrain basaltique, on ne l'entendait plus. Presque tous les habitants furent frappés d'épouvante; ils quittèrent la ville où de grandes quantités d'argent en barre se trouvaient amassées, et il fallut que les plus courageux revinssent ensuite disputer des trésors aux brigands qui s'en étaient emparés. Pendant toute la durée du phénomène, on ne ressentit aucune secousse, ni à la surface ni même dans les mines voisines, à 500 mètres de profondeur. Jamais, avant cette époque, on n'avait entendu pareil bruit au Mexique, et jamais il ne s'y est répété depuis [1]. » Un détail amusant : les magistrats voulant s'opposer à l'exode, déclarèrent que toute famille qui prendrait la fuite serait frappée d'une amende de 1000 piastres, si elle était riche; de deux mois de prison, si elle était pauvre.

La milice eut ordre de poursuivre et de ramener les fuyards. Comme le remarque Humboldt, l'autorité était pleine de confiance en elle-même, à en juger d'après cette proclamation : « L'autorité saura bien reconnaître dans sa sagesse le moment où le danger sera imminent; alors, elle pourra songer à la fuite; pour le présent, il suffira que les processions soient continuées ». Avec ces bonnes paroles, les braves forcés mouraient de faim, parce que la peur des *bramidos* ou *truenos* empêchait les paysans des hautes terres d'apporter leurs denrées au marché.

On entend les bramidos dans les parties de l'Amérique méridionale sujettes aux séismes, sans qu'ils constituent cependant des traits essentiels du tremblement de terre : ainsi, au Chili, au Vénézuela, il y a des montagnes appelées *Tronador* (Tonnant), à cause des grondements qui s'en échappent.

L'origine souterraine des bruits appelés en flamand *Mitspoeffers* (bruits de la brume) sur les côtes de la mer du Nord; *Marina, Brontido, Bonnito, Mugghio de la Balsa*, en Italie; *Houcènes,* sur les côtes d'Istrie et de Dalmatie; *Barrisal guns*, dans l'Inde, n'est pas aussi évidente que celle des bramidos. M. Van den Broeck a fait une étude des *mitspoeffers*. M. Baratta a fait et recueilli des observations au sujet des *mugghio de la Balsa*, ainsi appelés de la localité, au sud-ouest de Faenza, où ils sont habituels. Melli s'est occupé

---

1. *Cosmos*, de Humboldt, Ire partie, traduction de H. Faye.

de la *marina* d'Ombrie; Alippi et Hobbs des *brontidi* calabrais. Tous ces savants nous ont dit beaucoup de choses intéressantes; mais leurs conclu-sions, quant à la cause, ne sont pas convaincantes.

J'ai recueilli plusieurs exemples des modifications produites dans les sources par les tremblements de terre. Ici, elles tarissent, ou du moins dimi-nuent, tandis que là elles deviennent plus abondantes; ou bien, elles surgis-sent en un point qui n'en avait point. La température en varie quelquefois.

« On vit, dit Strabon, les eaux d'Aréthuse (il s'agit d'une des fontaines de Chalcis) tarir tout à coup, puis recommencer à sourdre quelques jours après, mais par une ouverture différente, et tout ce temps-là le sol ne cessa de trembler sur un point ou sur autre, puis il finit par s'entr'ouvrir et vomit dans la plaine de Lélante un torrent de boue enflammée[1]. »

En Andalousie, lors du grand séisme de décembre 1884, les sources ont subi d'importantes modifications. Les eaux de beaucoup d'entre elles se sont troublées; quelques-unes ont tari, d'autres ont apparu qu'on ne connaissait pas. A Alcaucin, à Periana, à Sedella, selon M. Fouqué[2], les eaux des fon-taines sont devenues tellement abondantes que les conduites se sont rom-pues. A Alhama, le volume de la source minérale a augmenté, sa température s'est élevée. D'alcaline, elle est devenue sulfureuse. En même temps, une nouvelle source aussi chaude, aussi abondante, aussi minéralisée que celle-ci, traversée par un important dégagement de gaz, s'est montrée à un kilo-mètre en amont du ruisseau passant près de l'établissement des bains.

Ces changements dans le régime des sources s'expliquent plus facilement que les bruits dont il vient d'être question : le tremblement de terre produit à l'intérieur des éboulements, des obstructions, des rétrécissements, des élargissements des canaux dans lesquels circulent les eaux. Quant aux chan-gements dans la minéralisation, elle est due à la rencontre, par les filets d'eau, de matériaux solubles qu'ils ne touchaient point au paravant.

Oldham a constaté, dans la vallée du Brahmapoutre, après le séisme de l'Assam (12 juin 1897), de terribles inondations produites par le relèvement des puits, des étangs, des rivières, sous l'action d'une poussée verticale.

Enfin, j'aurai résumé tous les effets soudains du tremblement de terre quand j'aurai rappelé les mouvements parfois si terribles de la mer, auxquels il donne lieu.

Les vagues désastreuses sont souvent produites par les secousses de la terre ferme, comme nous l'avons vu récemment en Sicile et en Calabre, et aussi lors de la catastrophe de 1783. La mer reçoit alors le contre-coup des

1. *Géographie*, Livre Ier. — 2. *Les Tremblements de terre*, p. 305.

chocs que subit la terre. Il arrive aussi que ses eaux soient refoulées par des éboulements. Mais il y a nécessairement un grand nombre de tremblements sous-marins, et qui parfois intéressent les continents. L'épicentre du séisme de Lisbonne se trouvait en mer, et la propagation des vagues séismiques se fit sentir d'un bord de l'Océan à l'autre. Lors du tremblement de terre qui, le 23 décembre 1891, ravagea le Japon, les vagues, après avoir inondé Simoda, furent enregistrées par les marégraphes de Californie. Ces vagues séismiques sont connues au Japon sous le nom de *Tsunamis*. Le 15 juin 1896, elles firent trente mille victimes. D'antiques annales japonaises font mention de désastres analogues ayant causé cent mille morts. En 1896, à peu de distance de la côte, la mer n'avait pas paru menaçante : les pêcheurs, en rentrant furent épouvantés et stupéfaits de ne plus retrouver leurs villages. En effet, les vagues séismiques ont parfois d'énormes amplitudes horizontales. On a été jusqu'à estimer la distance de crête à crête entre 200 et 250 milles marins. Avec cette énormité des vagues, on comprend que la mer, comme lors de l'éruption du Krakatau, le 27 août 1883, dans le détroit de la Sonde, ait envahi la terre ferme sur plus de dix kilomètres.

La hauteur des vagues séismisques, qui n'a jamais été scientifiquement mesurée, a dépassé, dit-on, de plus de 20 mètres, le niveau des plus fortes marées, avec une vitesse dont la plus effroyable tempête ne donne pas l'idée. Leur force de destruction est irrésistible. Elles renversent, elles arrachent, elles transportent. J'ai noté plus haut des navires laissés loin dans l'intérieur des terres.

Pendant les tremblements de terre, « les vaisseaux qui sont à l'ancre sont agités si violemment qu'il semble que toutes les parties dont ils se composent vont se désunir; les canons sautent sur leurs affûts, et les mâts, par cette agitation, rompent leurs haubans; c'est ce que j'aurais eu de la peine à croire, si plusieurs témoignages unanimes ne m'en avaient convaincu. Je conçois bien que le fond de la mer est une continuation de la terre; que si cette terre est agitée, elle communique son agitation aux eaux qu'elle porte, mais ce que je ne conçois pas, c'est ce mouvement irrégulier du vaisseau, dont tous les membres et les parties prises séparément participent à cette agitation, comme si tout le vaisseau faisait partie de la terre, et qu'il ne nageât point dans une matière fluide; son mouvement devrait être tout au moins semblable à celui qu'il éprouverait dans la tempête. D'ailleurs, dans l'occasion dont je parle, la surface de la mer était unie, et ses flots n'étaient point élevés; toute l'agitation était intérieure, parce que le vent ne se mêla point au tremblement de terre [1]. »

1. *Nouveau voyage autour du monde de M. Le Gentil*, cité par Buffon, *Histoire Naturelle*, t. I, p. 248.

Les tremblements de terre sous-marins se produisent souvent loin des côtes. Il y a des régions océaniques où ils semblent inconnus, d'autres où ils sont plus ou moins habituels. La profondeur n'intervient pas; ils peuvent avoir lieu sur les reliefs aussi bien que sur les dépressions. La plupart sans doute doivent passer inaperçus. Leur étude, très difficile, ne s'appuie guère que sur des observations de navigateurs.

En 1744, la *Gazelle*, vaisseau de cinquante canons, se trouvant dans la Méditerranée, avec deux cents brasses d'eau, ressentit trois violentes secousses, comme si à chaque fois on avait jeté d'un endroit fort élevé un poids de 20 à 30 tonneaux sur le lest [1].

Rudolph, qui a fait sur la question un nombre considérable de recherches, a publié beaucoup d'observations du genre de celles citées par Buffon. Je choisis celle-ci, traduite par M. de Montessus de Ballore dans la *Science séismologique*. Elle provient du navire *John Eldér*, alors par 23°43′ S. et 70°47′ O. à 23 milles à l'ouest d'Antofagasta, au moment du grand tremblement de terre d'Arica.

« Tandis que la mer était tranquille comme un étang, tout d'un coup et sans le moindre avertissement, chacun fut très alarmé à bord par un ébranlement très fort et soudain, ainsi que par une vibration que l'on ressentit depuis l'avant jusqu'à l'arrière et dont la cause était un tremblement de terre, ainsi que nous l'apprîmes plus tard. Les sondages ne donnèrent pas de fond par 20 brasses. Quoique le navire fût en pleine vitesse, il fut arrêté par le choc pendant 4 à 5 minutes; tous les passagers croyaient que le navire était passé sur un écueil inconnu.... Mais alors le navire se souleva sur une vague abrupte, un abîme écumant aspira l'eau le long de ses flancs, tandis que l'hélice sifflait avec un bruit terrible en tournant dans l'air; puis le navire piqua de l'avant et se précipita avec fracas dans la profondeur; cependant, il tint bon et fut sauvé. »

L'exemple déjà cité de la *Diane* est encore plus frappant [2].

Rudolph a établi, sur le plan de l'échelle De Rossi-Forel, une échelle des intensités des séismes sous-marins, que je reproduis, parce qu'elle est une description de toutes les circonstances de ces phénomènes :

I. Tremblement très faible, plutôt un bruit, qui ne se perçoit généralement qu'à l'intérieur du navire.

II. Tremblement faible susceptible de réveiller l'équipage endormi.

III. Tremblement dans le navire entier, donnant l'illusion de grands tonneaux roulés sur le pont.

---

1. Voyages de Shaw, cités par Buffon, *Histoire Naturelle*, t. I, p. 248. — 2. *Id.*, p. 190.

IV. Tremblement léger analogue à celui qu'on éprouve quand le câble-chaine se déroule rapidement.

V. Tremblement assez fort, comme si le bâtiment passait sur un fond raboteux.

VI. Ébranlement intense, susceptible de faire danser des objets légers, la barre heurte dans la main du timonier.

VII. Ébranlement violent par des secousses qui font trembler la charpente; il est impossible de se tenir debout.

VIII. Ébranlemeut très violent par des secousses. Les mâts et le gréement, les objets lourds placés sur le pont sont ébranlés.

IX. Ébranlement excessivement violent par des secousses. Le navire est jeté de côté, perd de sa vitesse, ou se trouve arrêté dans sa course.

X. Effets destructeurs. Les hommes sur le pont renversés, les joints du pont sautent, une voie d'eau se déclare[1].

Si les navires qui rapportent les nouvelles ont généralement peu ou point de dommages, peut-être faut-il attribuer aux tremblements sous-marins ces disparitions absolues de bâtiments de temps en temps constatées, après de longues attentes.

---

1. Emprunté à la *Géographie séismologique* de M. de Ballore, p. 191.

CHAPITRE VII

PRÉVISION DES TREMBLEMENTS DE TERRE

Sommaire : Les dates critiques. — La prédiction de Silbermann. — Les maxima de M. Moureaux. L'opinion d'Arago. — Influence de la Lune. — La sensibilité des animaux.

La nouvelle des secousses que subit la Provence le 12 juin de cette année 1909 réveille des appréhensions dans le cœur de ceux qui vivent en pays sujets aux tremblements et une vive pitié chez ceux qui n'ont rien à craindre pour leurs demeures, — parce qu'ils vivent sur un sol sans crevasses, aux assises bien consolidées. Assis après le dîner devant les fenêtres ouvertes du cabinet de travail, nous échangions nos réflexions, tout en jouissant du joli spectacle de la Seine, des peupliers dont les fruits duveteux volaient jusqu'à nous, des pelouses neuves que nous apercevions au delà des voûtes du Carrousel.

« On prétend, dit Léonie, qu'il y a chaque mois des dates critiques auxquelles il faut faire attention et qui peuvent vous amener aussi bien un tremblement de terre qu'un ouragan.

— On ne peut pas prévoir les tremblements de terre, déclarai-je.

— Oh! toi, tu es affirmatif comme un savant de fraîche date.

— On peut dire les pays où les séismes se produiront.

— Oui : tu nous as déjà donné ce tuyau. »

Pour ne pas avoir d'humeur contre ma sœur, je pris le parti de rire.

« Moi, dit M. Durozier, j'ai connu un prophète de tremblement de terre. Il s'appelait Silbermann, et c'était un très estimable savant, préparateur au Collège de France. Il a laissé de bons travaux sur les aurores boréales et les étoiles filantes, et il s'occupait aussi des astres, et à un point de vue qui, bien que je ne sois pas de la partie, me semble bien suranné : bref, il faisait de l'astrologie plutôt que de l'astronomie, quand il prétendait pouvoir calculer les influences des astres sur notre planète, d'après les positions qu'ils prennent dans le ciel. Un matin, j'étais encore au lit, quand on vint m'avertir qu'un visiteur pressé me demandait. Je crus qu'un client m'apportait une grosse affaire et je m'habillai vite, et avec soin. Je me trouvai en présence de Silbermann, un colosse à cheveux blancs, qui avait l'air très ému. Il voulait parler vite, mais l'haleine lui manquait : « Mon ami, vous me voyez tout « bouleversé, et vous allez l'être aussi.... Un grand danger menace Paris, un « tremblement de terre, qui sera plus meurtrier dans la grande ville qu'en « rase campagne, et encore là des crevasses pourront-elles s'ouvrir. Mon ami, « il faut fuir en Suisse, dans la montagne, avec tous les vôtres et toutes les « personnes que vous pourrez prévenir.... Ne me posez pas de questions : « je n'aurais pas le temps d'y répondre; j'ai déjà vu plusieurs amis, il m'en « reste encore beaucoup d'autres à avertir.... J'ai un fiacre à la porte, un ver « rongeur, vous savez.... »

— Et le pauvre brave homme était très pauvre, remarqua ma mère, mais il n'écoutait que sa charité.

— Cependant, lui dis-je, reprit mon père, je ne peux pas fuir sans savoir.

— Ah! oui, les hommes sont plus curieux que dociles, s'écria l'illuminé,.... Eh bien, il va y avoir, dans trois jours, — je suis précis, — des conjonctions d'astres qui produiront le plus effroyable chambardement qui ait jamais été. A bon entendeur, salut. Moi, ce soir, ma tournée amicale faite, je prends le train pour Lucerne et, après demain, je gravirai les pentes du Rigi. J'espère que vous serez du même convoi.

— Merci, cher ami, fis-je en lui serrant la main. Il avait déjà gagné la porte, et n'avait pas eu la peine de remettre son chapeau que, dans sa hâte et sa préoccupation, il n'avait pas pensé à ôter.

— Et faites part de la nouvelle, ajouta-t-il, sans autre adieu.

Je demandai à votre mère ce qu'elle pensait du voyage. Elle se mit à rire. Je le conseillai à toutes les personnes que je rencontrai ce jour-là. Elles rirent comme ma femme. Bref, personne ne s'en alla, que le bon Silbermann.... Le troisième jour se leva et la trompette de l'Ange ne retentit point.

Un mois après, je rencontrai mon homme dans la rue des Écoles. Je crus voir à un léger mouvement qu'il fit comme une tentative de m'éviter. Mais il était trop bon enfant pour tenir rancune de ses erreurs à un ami. « Eh bien oui, avoua-t-il, je m'étais trompé : une faute de calcul. — Mais vous êtes bien aise de n'avoir pas eu raison. — Oh! pour les imprudents demeurés à Paris, le grand saut serait fait, et ils n'en seraient pas plus malheureux. — Merci bien! j'ai une jeune femme. — Schopenhauer a dit : « Ce n'est pas la mort qui est pénible, c'est le mourir ». — Tenons-nous donc l'esprit en repos, et venez dîner avec nous, demain, mon ami. — Volontiers, et comme je ne veux pas passer pour un fou à vos yeux, je vous expliquerai mon système tout au long. Vous verrez que le principe est infaillible, et que j'avais fait seulement une confusion entre deux astres. » La menace de la conférence faillit me faire regretter mon invitation.

— Mais non! dit ma mère. Et nous eûmes, en écoutant le pauvre homme, un peu du contentement qu'on éprouve à faire une bonne action : notre attention le consolait de son échec.

— Je ne sais pas du tout, dis-je, en quoi consistait la théorie de Silbermann. Mais Édouard m'a mis au fait des idées de quelques-uns de nos savants actuels qui recherchent la liaison des tremblements de terre avec des phénomènes extra-terrestres, ce qui pourrait amener à annoncer et prévenir les catastrophes. Il y a, dans les *Comptes-Rendus de l'Académie des Sciences*, plus d'un mémoire sur la relation des taches solaires avec le déchaînement des crises terrestres. D'après M. Moureaux, les paroxysmes séismiques seraient séparés les uns des autres par un intervalle de onze années, intervalle qui sépare les maxima des taches solaires, les maxima d'aurores boréales, les maxima d'intensité des courants telluriques.

— Je ne comprends pas, dit Léonie, mais cela ne m'empêcherait pas de croire, si le Maître l'avait dit.

— Le Maître à tous, c'est la Nature, et elle parle tout autrement que ces messieurs. Il n'y a pas la moindre régularité dans la production des séismes, la statistique est là pour nous édifier.

— Mais, dit mon père, n'y a-t-il pas des signes précurseurs, très rapprochés de l'événement, qui n'ont pas d'utilité pratique, mais qui auraient un intérêt scientifique. Le baromètre, la boussole pourrait être influencés. »

Il parlait avec attention, avec prudence, en homme qui, ayant un fils frotté aux choses de science, commence à estimer ces choses.

J'ouvris un de mes cahiers de notes :

— Puisque la question vous intéresse, dis-je, je peux vous communiquer le résumé que j'en ai fait : A mesure que les notions scientifiques se sont répandues, on chercha des causes naturelles aux phénomènes séismiques : on crut en trouver sans peine et sans preuve, dans l'atmosphère, par exemple, — et dans les astres. Arago lui-même se demandait s'il ne fallait pas considérer à cet égard la sécheresse de l'air, son état électrique, sa pression ou encore le magnétisme terrestre, et il ajoutait avec sa sagesse ordinaire : « Adopter d'emblée les idées populaires, c'est s'exposer à introduire dans la science, et à son détriment, une multitude de notions confuses, appuyées sur des phénomènes mal vus ou mal discutés; rejeter les mêmes opinions sans examen, c'est manquer assez souvent l'occasion de quelque grande découverte ».

Pour ce qui est de l'allure du baromètre, Robert Mallet a pensé voir que les basses pressions sont favorables aux séismes, et plus récemment encore, d'autres auteurs ont repris la même thèse. Fuchs note que le tremblement de terre de janvier 1873, à Gross Gerau (Suisse), fut précédé d'une chute barométrique et d'une tempête ; mais il peut y avoir simple coïncidence et on sait que, d'après le grand Humboldt, les secousses si fréquentes dans les régions tropicales n'affectent en rien la régularité bien connue de la colonne mercurielle dans ces contrées.

Le rôle de la pluie dans la production des tremblements de terre est si solidement admis par certaines populations, qu'aux Moluques on voit des tribus entières abandonner leurs maisons dans la saison humide et se réfugier dans des cabanes construites légèrement. Les mois d'été de 1755, qui précédèrent le tremblement de terre de Lisbonne, avaient été remarquables par l'abondance des pluies. Les indigènes de l'Amérique équatoriale admettent que la chute de la pluie est souvent la conséquence des tremblements de terre. Malgré l'invraisemblance de ce rapprochement, Humboldt rapporte complaisamment que, dans la province de Quito, de violentes secousses amenèrent la saison des pluies assez longtemps avant le temps normal.

C'est à propos d'un tremblement de terre ressenti le 19 janvier 1822 en Auvergne et qui s'étendit jusqu'à Paris, qu'Arago observa pour la première fois un contre-coup sur l'aiguille aimantée.

Alexis Perrey, dont j'ai consulté avec tant de fruit les Catalogues, a ajouté à sa notoriété de statisticien, en recherchant si les phases de la Lune, déjà invoquées comme décisives dans les phénomènes lès plus variés, n'auraient pas ici une influence directe. Il partait de l'idée que la matière nucléaire de la Terre étant fluide, devait éprouver, comme l'eau de l'Océan, les intumescences des marées. Arago donna un complet acquiescement à cette doctrine et on admit, un temps, que les séismes sont plus fréquents à l'époque du périgée qu'à celle de l'apogée. L'idée a été reprise plus récemment par l'astronome Julius Schmidt : dans ses *Studien über Erdbeben*, qui datent de 1879, il affirme qu'il y a un maximum de secousses à la nouvelle Lune, un autre deux jours après le premier quartier et un minimum le jour du dernier quartier.

Mon père nous a raconté l'anecdote du bon Silbermann. Mais plus récemment un certain docteur Falb, de Vienne, avait jeté la terreur dans un grand nombre d'âmes crédules, en annonçant que la situation des astres allait amener la fin de notre pauvre Terre.

Un de ceux qui ont le plus fait pour la séismologie et au magistral ouvrage de qui j'ai eu plus d'une fois recours, M. de Montessus de Ballore, a fait justice de tous ces rapprochements créés par l'imagination de leurs auteurs :

« Que reste-t-il des innombrables travaux consacrés à la recherche des relations, supposées souvent *a priori* ou sur la foi de coïncidences fortuites, entre les tremblements de terre et des phénomènes variés extérieurs à l'écorce terrestre? Rien, ou presque rien. C'est peut-être une partie de la littérature séismologique qui disparaît ainsi, sans retour, on devrait l'espérer; et quels progrès aurait-on faits, si on avait consacré autant d'efforts à la recherche des influences géologiques sur la genèse des ébranlements du sol, au lieu de s'attarder dans ces voies décevantes! »

— Tout cela est bel et bien, dit Léonie; mais les animaux annoncent les tremblements de terre. Ma tante Constantin l'a bien remarqué à Nice.

— Ma tante Constantin, objectai-je, a dit qu'elle avait entendu, *après la secousse*, un concert de chiens effrayés autant que les hommes. D'ailleurs, je peux citer, à l'appui de ton opinion, des auteurs qui, en histoire naturelle, valent bien ma tante Constantin, laquelle, du reste, s'est montrée, le 23 février 1887, une remarquable observatrice.

« Veux-tu du Humboldt :

« Les animaux, principalement les porcs et les chiens, éprouvent cette angoisse (la même que celle que ressent l'homme); les crocodiles de l'Orénoque, d'ordinaire aussi muets que nos petits lézards, fuient le lit ébranlé du fleuve, et courent en rugissant vers la forêt[1]. »

— Le lit ébranlé du fleuve : Humboldt parle comme la tante Constantin, remarqua Léonie, et ce n'est pas avec ce document-là que tu vas me donner raison.

— Eh bien! voici un témoignage que nous fournit Buffon, celui de Le Gentil[2] :

« Une demi-heure avant que la terre s'agite, tous les animaux paraissent saisis de frayeur; les chevaux hennissent, rompent leurs licous, et fuient de l'écurie ; les rats et les souris sortent de leurs trous, etc. »

— Buffon était presque un ancien, dit Léonie avec une petite moue, par le style et par la crédulité facile.

— La crédulité facile... ce n'est pas ton fait, mon enfant, dit mon père en souriant.

— Du Dolomieu te satisfera-t-il? demandai-je.

— Voyons :

« Le pressentiment des animaux à l'approche des tremblements de terre

1. *Cosmos*, traduction française par H. Faye, I, 243. — 2. Tome I de son *Histoire Naturelle*, p. 248.

est un phénomène singulier, et qui doit d'autant plus nous surprendre que nous ne savons pas par quel sens ils le reçoivent. Toutes les espèces l'éprouvent, surtout les chiens, les oies et les oiseaux de basse-cour. Les hurlements des chiens dans les rues de Messine étaient si forts qu'on ordonna de les tuer. Pendant les éclipses de soleil, les animaux témoignent une inquiétude presque pareille; au moment de l'éclipse solaire et annulaire de 1764, les animaux domestiques parurent agités et jetèrent de grands cris pendant une partie du temps qu'elle dura; cependant, elle ne diminua pas plus la lumière du soleil que ne l'aurait fait un nuage noir et épais, qui l'aurait entièrement couvert : la différence de chaleur de l'atmosphère ne fut presque pas sensible. Quelle impression donc put alors avertir les animaux de la nature du corps qui s'interposait devant le soleil? Comment purent-ils deviner que ce n'était pas le même état de choses, que lorsque le soleil est simplement obscurci par un nuage qui intercepte sa lumière[1]? »

Léonie continuait de faire la moue :

— M. Déodat de Dolomieu, dit-elle, était un homme du xviiie siècle, comme M. de Buffon. J'aimerais mieux l'opinion d'un moderne.

— Voici donc la mienne : les animaux sentent comme nous les secousses et ont peur comme nous. Peut-être les éprouvent-ils quelques secondes d'avance, parce qu'ils auraient certains sens plus affinés, l'ouïe en particulier, et ils peuvent recueillir la rumeur souterraine, alors qu'elle est excessivement faible.... Peut-être aussi ont-ils des moyens que nous ne soupçonnons pas. L'odorat du chien qui le fait retrouver son maître à des kilomètres de distance en des lieux, où lui, chien, n'est jamais allé, n'est pas un odorat semblable au nôtre, d'autant que cet odorat ne lui fait pas tout de suite trouver le morceau de viande jeté à terre pour lui.

— En somme, Albert, tu n'es pas tout à fait sûr que les animaux n'en sachent pas plus long que nous sur l'imminence des tremblements de terre.

— Je sais ce que je t'ai dit : ne m'en demande pas davantage.

M. Durozier cita du Shakespeare :

« Il y a, Horatio, dans le ciel et sur la terre, plus de choses que ta philosophie n'en enseigne. »

---

1. Dolomieu, *Mémoire sur les Tremblements de terre de la Calabre pendant l'année 1783.*

CHAPITRE VIII

LA SÉCURITÉ HUMAINE

« On doit dormir mal ce soir en Grèce, dit ma mère, qui sentait la douce fatigue du soir l'envahir.

— Il n'est point de cause plus grande d'effroi qu'un tremblement de terre », dis-je, et je citai encore du Humboldt [1] :

« Dès notre enfance, nous étions habitués au contraste de la mobilité de l'eau avec la mobilité de la terre. Tous les témoignages de nos sens avaient fortifié cette sécurité. Le sol vient-il à trembler, ce moment suffit pour détruire l'expérience de toute la vie. C'est une puissance inconnue qui se révèle tout à coup; le calme de la nature n'était qu'une illusion et nous nous sentons rejetés violemment dans un chaos de forces destructrices. Alors chaque bruit, chaque souffle d'air excite l'attention : on se défie surtout du sol sur lequel on marche. »

— C'est beau comme forme et comme psychologie, remarqua Léonie.

— Je te dis, ma sœur, que la Nature est une grande maîtresse de pensée et de style. »

Mon père alla prendre dans sa bibliothèque un volume relié en veau :

« Depuis que mon fils s'est révélé comme un séismologue, dit-il en souriant, je note au cours de mes lectures ce qui se rapporte aux tremblements de terre. Or, il me semble que Humboldt s'est quelque peu inspiré de Sénèque. Écoutez ce que dit ce philosophe [2] :

---

1. *Loc. cit.* — 2. *Questions naturelles*, Livre VI, chapitre Ier.

« Quel asile, en effet, peut paraître assez sûr, quand le monde lui-même s'ébranle; quand ses parties les plus solides s'écroulent, quant la seule base fixe et inébranlable de la nature, le seul point fixe de l'univers entier, s'agite comme les flots de l'Océan; quand la terre perd sa propriété la plus essentielle, celle de rester immobile, quel peut être le terme de nos craintes? Quelle retraite reste-t-il à l'homme? Où trouver un abri contre un danger qui naît sous nos pieds, qui part du centre même de la terre?... Où chercher un refuge et des ressources, quand le globe lui-même menace de s'affaisser? Quand ce grand corps destiné à nous soutenir et à nous défendre, qui sert d'appui à nos villes et à nos forteresses, que des philosophes ont regardé comme le fondement du globe entier, s'entr'ouvre et chancelle sous nos pieds? Quel rempart assez solide pour préserver quelqu'un du danger ou s'en garantir soi-même? Je puis repousser l'ennemi qui escalade mes murs; une tour haute et escarpée peut arrêter par la difficulté de l'accès les armées les plus nombreuses : les ports y sont un abri contre la tempête.... »

— Le philosophe est verbeux, dit Léonie.

Le lecteur passa quelques lignes :

« Il n'y a point de calamité à laquelle on ne puisse se dérober; jamais la foudre n'a consumé des peuples entiers; la peste dépeuple des villes, mais ne les détruit pas : le fléau dont nous parlons est le plus étendu, le plus inévitable, le plus infatigable, le plus général de tous les fléaux. Ce n'est point à des maisons, à des villes qu'il s'attaque; ce sont des nations, des régions entières qu'il détruit; tantôt il les couvre de leurs débris, tantôt il les ensevelit dans des abîmes profonds, sans laisser la moindre trace qui fasse juger que ce qui n'est plus, de ce qui a du moins existé; le sol étendu sur les villes les plus puissantes fait disparaître jusqu'aux moindres vestiges de leur état précédent. »

— Ces grandes catastrophes frappent directement sur l'espèce, a dit Dolomieu. L'individu disparaît dans la multitude. Sénèque fait évidemment allusion ici à ce tremblement de terre qui, sous le règne de Tibère, détruisit douze villes célèbres d'Asie.

— Comme le précepteur de Néron, reprit mon père, était avant tout un moraliste, il entreprend aussitôt de consoler ses lecteurs des maux qu'il vient de leur décrire :

« Il y a des hommes qui redoutent le plus cette façon de périr ainsi engloutis avec leurs demeures, et d'être effacés, de leur vivant, du nombre des vivants; comme si la mort, quelle qu'elle soit, ne conduisait pas toujours au même terme. La nature, entre autres lois équitables, a voulu que tous les hommes fussent égaux devant la mort.... »

— Mais ce n'est pas vrai! s'écria Léonie, il y a des morts douces, et il y a des morts horribles : l'inégalité nous poursuit jusqu'à notre sortie de ce monde! »

Mon père, qui trouvait qu'au fond elle avait raison, essayait pourtant de continuer sa lecture : « Peu importe donc que ce soit une pierre qui m'atteigne, ou une montagne entière qui m'écrase; que j'expire sous les débris de ma maison écroulée, ou que les abîmes du globe entr'ouvert ensevelissent mon cadavre; que je rende l'âme à l'air libre et à la clarté du soleil, ou dans les ténèbres horribles d'un immense souterrain.... »

— Ah! j'aime mieux expirer à l'air libre, dit la jeune fille. Mettre des jours à mourir comme tant de malheureux l'ont fait à Messine, voilà qui me parait le comble de l'épouvante.

— Moi, dit ma mère, je crois qu'il y a des grâces d'état et qu'elles font équilibre à l'inégalité. Les pauvres gens que rendaient les ruines de Messine au bout de plusieurs jours croyaient n'avoir été ensevelis que quelques heures. Quand on souffre trop, on s'évanouit.

— C'est la façon qu'a la nature de vous donner du chloroforme.

— Dolomieu raconte qu'en 1783, une jeune femme d'Opido resta enterrée trente heures sous les décombres, d'où son mari eut le bonheur de la retirer. On lui demanda ses impressions : « J'attendais, » dit-elle. Et presque aussitôt elle mit au monde un enfant qui se portait parfaitement bien.

— Oui, dit ma mère, ayons confiance, malgré les apparences. Nous ne sommes pas dans le meilleur des mondes, loin de là!... Mais, même à notre petit point de vue individuel, les choses doivent être bien arrangées. Notre vue trop courte nous empêche de voir l'ensemble.

— Évidemment, dit Léonie, et il faut renoncer à expliquer la persistance de la méchanceté humaine, alors que la mort, toute proche, guette encore. Il a fallu fusiller des voleurs à Messine.

— Et c'est ainsi, lors de toutes les grandes catastrophes. Pendant les pestes, le meurtre et le vice sont maîtres des rues. En pareilles circonstances l'homme « montre le fond du pot », comme dit Montaigne. Ce qu'il y a de meilleur et de pire dans l'individu se manifeste : le dévouement, l'héroïsme, l'abnégation chez les uns; la lâcheté, la cruauté, l'amour de l'or, la violence du pillage chez les autres; chez le plus grand nombre, sans doute, un accablement qui engendrait l'indifférence pour les malheurs d'autrui.

— Dolomieu, dis-je, a décrit dans sa relation du tremblement de terre de 1783, avec la sensibilité d'un contemporain de Rousseau, des scènes analogues à celles dont nous entretenaient les journaux de 1908-1909.

— Voyons ton Dolomieu, » dit Léonie.

« On vit dans les mêmes temps des exemples de tendresse paternelle et maritale portée jusqu'au dévouement, et des traits d'atrocité qui font frémir, pendant qu'une mère échevelée et couverte de sang, venait demander à ces ruines encore tremblantes le fils qu'elle portait en fuyant dans ses bras et qui lui avait été arraché par la chute des charpentes; pendant qu'un mari affrontait une mort presque certaine pour retrouver une épouse chérie, on voyait des monstres se précipiter au milieu des murs chancelants, braver le danger le plus imminent, fouler aux pieds des hommes à moitié ensevelis qui réclamaient leurs secours, pour aller piller la maison du riche, et pour satisfaire une aveugle cupidité. Ils dépouillaient, encore vivants, des malheureux, qui leur auraient donné les plus fortes récompenses, s'ils leur avaient tendu une main charitable. J'ai logé à Polistena, dans la baraque d'un galant homme, qui fut enterré sous les ruines de sa maison; ses jambes en l'air paraissaient au-dessus. Son domestique vint lui enlever ses boucles d'argent, et se sauva ensuite sans vouloir l'aider à se dégager. En général tout le bas peuple de Calabre a montré une dépravation incroyable de mœurs, au milieu des horreurs du tremblement de terre. La plupart des agriculteurs se trouvaient en rase campagne lors de la secousse du 5 février; ils accourent aussitôt dans les villes encore fumantes de la poussière qu'avait occasionnée leur chute : ils y vinrent, non pour y porter secours, aucun sentiment d'humanité ne se fit entendre chez eux dans ces affreuses circonstances, mais pour y piller. »

Il est arrivé en pays ignorants que les crimes de la foule furent sanctionnés par l'autorité. Et de même qu'autrefois, en temps de peste, il arriva que des Juifs et des lépreux furent massacrés, parce qu'on les accusait d'empoisonner les fontaines. Lors d'un tremblement désastreux survenu au Chili le 13 mai 1647, on sacrifia un nègre à la fureur et à la terreur du peuple. Le magistrat qui rend compte à Sa Majesté Catholique des événements [1] est admirable de perfidie doucereuse dans l'exposé des motifs de l'exécution du nègre :

« Il a couru des bruits, légèrement fondés, il est vrai, que les domestiques indiens, de concert avec les nègres, cherchaient à former une conspiration, et cette rumeur a pris assez de consistance dans le peuple et chez les femmes; des conversations imprudentes ont été ensuite dénaturées par la crainte et la méchanceté; comme dans de telles circonstances, on doit craindre le tumulte parmi les oisifs qui n'ont rien à perdre et les mécontents; comme cette race est naturellement belliqueuse, qu'elle a toujours des armes prêtes chez les Indiens révoltés, qu'on y entretient la haine de la servitude, que les maisons étaient sans défense, et qu'il eût été possible qu'on éprouvât une attaque que

---

1. A. Perrey, *Documents relatifs aux tremblements de terre du Chili*, Lyon, 1854 (Traduit des manuscrits de M. Gay).

supposaient les craintes populaires, tout en méprisant en public ces rumeurs et dissuadant ceux qui les répétaient, on prit des mesures secrètes pour les empêcher de se répandre et prévenir le mal qu'elles pouvaient faire, on fit pendre un nègre qui tenait publiquement des propos séditieux, et, comme il était d'un naturel furieux, *on prit pour prétexte* qu'il avait tué une négresse, attaqué son maître avec une lance, et qu'il se disait fils du roi de Guinée.... »

A ce moment, un visiteur bien connu et toujours bien accueilli, Édouard, fit son entrée dans le cabinet de travail. Il venait souvent prendre le thé

MENTON. — VILLA CAREÏ DÉTRUITE PAR LE TREMBLEMENT DE TERRE DU 23 FÉVRIER 1887. LE MUR QU'ON VOIT A GAUCHE EST CONSTRUIT DANS LE PROLONGEMENT DU PONT DU TORRENT DE CAREÏ, C'EST-A-DIRE DANS UNE DIRECTION SUD-OUEST NORD-EST.

(Communiqué par la Société de Géographie de Paris.)

avec ses chers amis Durozier. Il vit que je tenais ouvert l'un de mes cahiers de géologie.

« Hélas! dit-il, les événements de Provence ont rendu de l'actualité au sujet qui a passionné Albert toute cette année.

— Oui, dit ma mère, nous parlions de choses plus tristes encore que la mort : de la méchanceté d'un si grand nombre d'hommes, qui vient augmenter les calamités.

— En temps ordinaire, dit mon père, les gendarmes nous en gardent. Et si l'on prévenait les calamités, nous n'aurions pas à rougir de notre espèce.

— Mais, dit Léonie, ne pourrait-on faire le désert dans les lieux souvent ébranlés.

— Tu ne songes pas que ces lieux ébranlés ont une vaste étendue et qu'ils sont les plus beaux et les plus fertiles du monde. Même sur les pentes des volcans, sans cesse menacées par la lave, les habitants reviennent prendre possession de la terre à peine refroidie, déblaient les terres fumantes et rebâtissent, sans le déplacer d'une ligne, leur village incendié. Messine reprendra sa splendeur.

— Oui, dit Édouard, un paysan tient quelquefois plus au champ dont il est propriétaire qu'à sa famille.

— Dolomieu, dis-je, raconte qu'après la destruction d'Opido par le séisme de 1783, la municipalité voulait faire rebâtir la ville sur un nouvel emplacement, dans une plaine située à une lieue de distance de la malheureuse cité. Mais la plupart des sinistrés s'indignèrent de ce projet, disant qu'il y avait tyrannie à les éloigner de leurs anciennes demeures, — dont il ne restait pas un pan de mur debout, — pour les forcer à habiter une terre humide et malsaine. Et ils vantaient leur plateau, sur lequel rien n'avait résisté, mais qui prouvait sa solidité par le fait qu'il ne s'y était pas seulement produit une gerçure. L'air y était si bon!.... Et puis, les pierres et les charpentes des maisons jetées à bas leur serviraient pour en bâtir d'autres. Lorsque Dolomieu passa dans ces ruines, il fut entouré par la population qui lui exposa son grief. « On paraissait, dit-il, avoir oublié les malheurs « occasionnés par le tremblement de terre, pour ne penser qu'à la vexation « qu'on pensait avoir soufferte. »

— M. de Montessus de Ballore, ajouta Édouard, rapporte un fait plus extraordinaire encore : San Salvador, après avoir été ruinée quatorze fois, fut, par ordre du gouvernement, transférée à quelques kilomètres de son emplacement primitif, sur les flancs d'un volcan éteint, offrant un substratum de laves compactes et aussi un air frais et pur dans lequel on était hors des atteintes de la fièvre jaune. Mais au bout de plusieurs années, la nouvelle ville ne fut plus considérée que comme un lieu de villégiature, et malgré les lois et le double danger, on retourna à l'ancienne capitale.

— N'y aurait-il pas moyen, demanda ma mère, de construire en vue du tremblement de terre.

— Eh! oui, dit Édouard, on cherche, et cela depuis fort longtemps. Après 1755, on n'éleva à Lisbonne que des maisons basses, et puis la crainte s'affaiblissant, la prudence s'évanouit.

— D'ailleurs, ajoutai-je, il y a des secousses auxquelles rien ne résiste. Ainsi, en Calabre, après les tremblements de terre de 1638, on avait reconstruit le joli bourg de Casalnuovo, tout en maisons basses, en prenant des précautions qui, semblait-il, devaient les mettre à l'abri de la ruine. Les rues étaient larges, plantées d'arbres, avaient l'air d'allées de jardins. Après les secousses de 1783, il ne resta pas pierre sur pierre de cet Eden : tout fut

SAN FRANCISCO. — MAISON EN BOIS.

mis de niveau avec le sol, et la moitié de la population fut écrasée sous les ruines.

— Oui, mais la violence du fléau fut là exceptionnelle.

— En effet, et souvent les malheurs ne seraient pas si grands, sans l'incurie et l'ignorance des hommes.

En Andalousie, M. Fouqué a constaté que les effets du tremblement de terre de 1884 ont été aggravés par la mauvaise construction des habitations, la pente trop considérable du terrain, la mauvaise qualité du sol des fondations, l'étroitesse des rues. En pays méridionaux, l'étroitesse des rues est une précaution prise contre le soleil. Mais, du moins, devrait-on consulter la géologie avant de bâtir. Comme on l'a remarqué ailleurs, les bâtiments élevés sur terrain d'alluvion ont particulièrement souffert; ceux qui étaient édifiés sur des roches sédimentaires peu résistantes, calcaires friables, argiles, etc., ont été aussi très maltraités. Au contraire, ceux qui se trouvaient sur des roches solides, tels que des calcaires compacts, ou même sur des schistes anciens, ont été beaucoup plus épargnés, surtout en dehors de la région centrale. La nature du terrain, voilà ce qu'on doit avant tout consulter, et l'idée n'est pas d'aujourd'hui, car l'observation prouva bien vite que le rocher est un support plus solide que l'alluvion. Construire sur le sable est une locution qui vient d'un pays sujet aux ébranlements. Donc, après les désastres de 1905, en Calabre, une commission fut chargée d'étudier l'art de construire en pays instable. On reconnut qu'il fallait avant tout connaître la composition du terrain. Là, comme en d'autres régions éprouvées, les terrains anciens, en commençant par les granits, sont meilleurs que les terrains récents, modernes ou quaternaires. En Calabre, presque toutes les habitations qui avaient notablement souffert se trouvaient sur des terrains quaternaires qui se trouvent quelquefois à des hauteurs assez considérables au-dessus du niveau de la mer, comme à Serra San Bruno, qui est à 800 mètres d'altitude. Les quartiers de Montelcone, qui est à 520 mètres, ont beaucoup souffert, quand ils se trouvaient sur les terrasses marines ou les grès désagrégés du quaternaire, tandis que les quartiers construits sur des gneiss compacts ont assez bien résisté. A Parghelia, sur le littoral de la mer Tyrrhénienne, seules les maisons situées en dehors de la bande quaternaire ont résisté.

Après le désastre de San Francisco, on se livra à un examen approfondi des maisons plus ou moins intactes et des ruines. On reconnut que, dans cette ville où tout s'élève si vite, les édifices et les fortunes, que bien des constructions avaient été, comme on dit aujourd'hui, sabotées : beaucoup d'apparence et de mauvais matériaux. Mais les *sky-scrapers* (gratte-ciel) s'étaient généralement bien comportés à cause de leurs charpentes métalliques, très élastiques. On prétend que le béton armé est en pareil cas d'une solidité remarquable. La pierre de taille est dangereuse. Les murs à petit appareil sont excellents, pourvu qu'ils soient bien homogènes. On voit souvent des matériaux se dissocier à cause de leurs différences de densité, les plus lourds venant faire saillie. Les roches dures, rugueuses, telles que les roches volcaniques, sont les plus recommandables; la pouzzolane et le ciment romain ont assuré la conservation de bien des édifices de l'antiquité. Les briques de bonne qualité sont très recommandables, pourvu qu'on en contrarie strictement les joints. Les Japonais, qui naturellement ont bien étudié la question, préconisent les briques creuses, aux formes contournées et s'emboîtant les unes dans les autres. Il faut que les fondations soient profondes. Les anciens

Romains, admirables constructeurs, poussaient les leurs jusqu'à la roche
solide. En outre, d'après des expériences faites par des séismologues
japonais, il paraît certain que la surface du sol est plus ébranlée qu'au fond de

SAVONA. — L'ÉGLISE DE N. S. DI CASTELLO.

trous de plusieurs mètres de profondeur. On cite des cas où des ouvriers,
dans des mines, ne se sont par aperçus du tremblement de terre. Par contre,
les maisons pauvres, au Japon, tout à fait dépourvues de fondations, reposant
seulement par leurs angles sur de grosses pierres, sont généralement peu

atteintes. Il est vrai qu'elles sont en bois et qu'elles échappent peut-être comme le fétu dans la tourmente.

Profondes, les maisons ne doivent pas être hautes. Il ne faudrait pas d'étages aux maisons des pays à séismes. Tout au plus peut-on en tolérer un. L'amplitude du mouvement séismique est singulièrement agrandie aux parties élevées des édifices. Une maison qui se compose de petites pièces offre plus de sécurité que si elle avait de grandes salles, et les maisons se soutiennent les unes les autres, si bien que celles aux bouts des rues souffrent généralement plus que les autres. Les vieilles villes liguriennes comme Nice, Villefranche, Menton, ont leurs quartiers très tassés et bâtis sur le roc. Les balustrades, les balcons sont des objets fort dangereux, ordinairement jetés bas par le tremblement, et souvent crevassant les murs et déterminant leur chute. On ne les tolère pas en pays souvent et durement secoués où l'art de construire fait partie, pour ainsi dire, de la salubrité publique.

— Mais l'architecture artistique?... demanda Léonie.

— On la laisse aux monuments publics dans les régions fracturées, où l'on vit au jour le jour : une case suffit au particulier, quelque chose comme l'habitation des Hispano-Américains du Chili et du Mexique qui, construite selon les règles fournies par l'expérience, n'entraîne aucun danger pour ses habitants.

— Et les cheminées?...

— Elles sont soumises à toutes sortes de prescriptions, très faciles à observer. Mais selon M. de Ballore, à qui je laisserai la responsabilité de sa remarque, il y a un fait bien remarquable, c'est que les hautes cheminées d'usines ne sont jamais renversées. Elles sont détruites par crevassement. De même pour les colonnes. Le plus violent tremblement de terre ne saurait jeter par terre une colonne tout d'une pièce; mais elles n'en sont pas plus assurées contre la destruction, parce qu'elles peuvent se rompre en plusieurs morceaux, et le fait est bien fréquent[1]. Il y a de très hautes pagodes japonaises, à beaucoup d'étages, qui restent debout au milieu des ruines de tout une ville. Les dieux les protègent, pense-t-on. En réalité, elles sont sans doute comme les gratte-ciel de San Francisco, faite de matériaux très élastiques et pourvues de profondes et excellentes fondations....

— En somme, dit Léonie, le bonheur, en Italie, au Japon, dans l'Amérique du Sud, se résume, comme dans la chanson, par « une chaumière et... un cœur ». Les Suisses importent à Messine des chalets bernois.

— Je vois avec plaisir, dit mon père, que les séismologues ne se con-

---

1. *La Science séismologique*, 524 et 527.

tentent pas de la science pure, et qu'ils cherchent activement les moyens de
préserver la pauvre vie humaine, plus précaire encore en ces beaux pays que
dans ceux du Nord.

ONÉGLIA. — LA MAISON DU D' GORLERO, VIA DORIA ; ON VOIT SON PORTRAIT ACCROCHÉ AU MUR.

— La science, dis-je, même quand elle semble le plus loin d'une appli-
cation pratique, finit toujours par se traduire par des bienfaits matériels.
Qu'y a-t-il de plus loin de tout ce qui nous tombe sous les sens que les mathé-
matiques : sans elles, cependant, rien de ce qui fait notre civilisation n'existe-

rait. Et de même quand, en 1819, Œrstedt faisait cette observation de physique
que la boussole est déviée par le contact de la pile, il ne prévoyait pas, et
qui aurait pu prévoir, qu'il fournissait à l'Humanité le principe de télégraphie
électrique. La séismologie rationnelle ne fait que de naître. Peut-être pourra-
t-elle un jour nous procurer le refuge que Sénèque déclare impossible. »

TABLE DES MATIÈRES

DEUXIÈME PARTIE

L'HISTOIRE

TROISIÈME PARTIE

LA SCIENCE

983-09. — Coulommiers. Imp. Paul BRODARD. — 10-09.